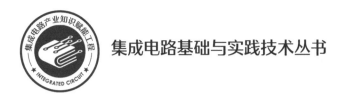

集成电路基础与实践技术丛书

SoC设计基础教程
——系统架构

Basic SoC Design Tutorial
System Architecture

／张 庆／ 编著

电子工业出版社
Publishing House of Electronics Industry
北京·BEIJING

内 容 简 介

本书是编著者结合多年的工程实践、培训经验及积累的资料,并借鉴国内外经典教材、文献和专业网站的文档等编著而成的。

本书全面介绍了 SoC 的系统构成及功能。本书首先介绍了 SoC 的构成、设计流程和设计方法学,接着分章介绍了处理器子系统、存储子系统、总线、外设及接口子系统。本书注重基本概念、方法和技术的讨论,加强了对 SoC 设计方法学和设计规范的介绍。

本书可供从事 SoC 设计的专业工程师、从事芯片规划和项目管理的专业人员,以及相关专业的师生使用。

未经许可,不得以任何方式复制或抄袭本书之部分或全部内容。
版权所有,侵权必究。

图书在版编目(CIP)数据

SoC 设计基础教程. 系统架构 / 张庆编著. — 北京:电子工业出版社, 2025. 1. — (集成电路基础与实践技术丛书). — ISBN 978-7-121-48943-3

Ⅰ. TN402

中国国家版本馆 CIP 数据核字第 2024RH1993 号

责任编辑:牛平月
印　　刷:涿州市般润文化传播有限公司
装　　订:涿州市般润文化传播有限公司
出版发行:电子工业出版社
　　　　　北京市海淀区万寿路 173 信箱　　邮编:100036
开　　本:787×1092　1/16　印张:15.75　字数:344 千字
版　　次:2025 年 1 月第 1 版
印　　次:2025 年 6 月第 4 次印刷
定　　价:98.00 元

凡所购买电子工业出版社图书有缺损问题,请向购买书店调换。若书店售缺,请与本社发行部联系,联系及邮购电话:(010) 88254888,88258888。

质量投诉请发邮件至 zlts@phei.com.cn,盗版侵权举报请发邮件至 dbqq@phei.com.cn。
本书咨询联系方式:niupy@phei.com.cn。

为何要写这本书

多年来,编著者在担任团队和项目负责人期间做过一系列技术培训,组织技术培训的原因有很多。一是一些优秀员工被选中担任新项目或新团队的负责人,虽然他们具有良好的职业素养,在以往的工作中也积累了不少 SoC 设计的知识和经验,很多人对一些 IP 或部分设计环节尤为熟悉,但普遍缺乏对 SoC 系统或子系统的完整理解,对 SoC 设计全流程的认识不足,如何帮助他们尽快进入角色,具备把控团队和项目的技术能力,成为加强团队建设和保证项目顺利进行的关键。二是每年都有刚毕业的新员工加入团队,现有团队也会不断更新,为了维持团队运转和项目开展,需要进行人力资源的调度,相应的技术交流和培训非常有必要,其既可以使员工了解自己负责的部分在整个 SoC 设计中的作用,又可以使员工清楚项目对相应工作的要求,以及前后相邻工作之间的协作关系,从而发掘职业兴趣,激发工作热情,更快、更好地适应新的工作任务,融入团队。三是通过专业培训,可以加强 SoC 设计方法学的传播,推广和落实设计规范,强化设计指导,尤其是对一些案例的重点介绍,有助于员工加深印象,形成良好的设计习惯,保证团队设计风格的统一性。四是不同设计环节的团队往往使用不同的工具和专业术语,经常出现交流不畅甚至无法沟通的情形,较为明显的是前端设计工程师与后端设计工程师之间沟通困难,严重的话会直接影响项目的进度和质量,因此需要加强团队的技术沟通能力,技术培训提供了一个机会,通过介绍各个主要设计环节的知识,帮助设计工程师了解彼此的工作,熟悉对方所使用的概念和方法,甚至使用对方的专业术语来描述和讨论问题,从而提高团队的工作质量和效率。

一些技术培训偏重基本概念、原理和方法的介绍,较适合初、中级设计工程师参加;一些技术培训偏重专题的技术交流,较适合中、高级设计工程师参加;还有一些技术培训是跨专业知识的介绍,除设计工程师外,还适合芯片架构师、芯片规划人员和项目管理人员参加。这些技术培训都得到了广大员工的热烈回应,获得了很多积极的反馈。

近年来,SoC 设计产业蓬勃发展,大量公司和新项目都急需优秀的从业人员,加之新人不断进入 SoC 设计行业,很多人跨越了原本的专业领域,需要进行培训,以便尽快适应新工作。担任新项目和新团队的负责人也需要学习新知识。在朋友和同事的鼓励下,编著者在以往培训经验的基础上,结合多年的工程实践,经过整理、完善和充实资料,编写了本书。

内容选择和组织

目前,市面上已经有很多关于 SoC 设计的专业书籍,各种期刊和网站上也可以找到大量文章。本书在内容选择和组织上符合读者的需求。本书假定读者已具备电路和电子技术的基本知识,旨在让每位读者都能够对 SoC 设计有一个基本、正确、全面的了解,为进一步的学习和工作打下坚实的基础。本书偏重专业培训和交流,不是学术专著。

首先,SoC 设计的应用领域很广,涉及的 IP 种类繁多,如果都进行详细介绍和深入讨论,需要极大的篇幅,本书试图兼具深度和广度地介绍 SoC 设计,使读者尽可能获取芯片的主要知识。芯片架构师、建模工程师、芯片规划和项目管理人员更需要具备的是广阔的技术涉猎范围,但并不需要样样精通,因此本书对部分内容进行了适当剪裁,可以满足他们的需要。芯片设计工程师需要对芯片具有较全面的了解及对各个模块的深入讨论,建议有关读者进一步阅读相关文献。

其次,由于 SoC 设计需使用多种 EDA 工具,因此存在不同的供应商和工具版本,甚至使用的专业术语也不一致。本书着重整理和介绍了 EDA 工具所依赖的基本概念和方法,避免成为特定 EDA 工具的使用手册,建议对 EDA 工具感兴趣的读者阅读专门的工具使用手册和参考资料。

再次,对于本书中各个章节所涉及的主题,从基本概念到复杂的应用场景均需要相当大的篇幅才能介绍全面,编著者在进行技术培训时发现,一般初、中级设计工程师对基本概念和方法较有兴趣,这些内容符合他们的工作需求,而中、高级设计工程师通常承担复杂的设计任务,更关注复杂的应用场景,如果放在一起介绍,听众往往会失去耐心和重点。鉴于此,编著者将两者进行了适度切分,本书偏重基本概念和方法的介绍,而同步编写的《SoC 设计高级教程》则偏重复杂应用场景的介绍,并添加了一些专题内容。

最后,SoC 设计是一个硬件实现过程,本书提供了大量的图表,配合文字叙述,帮助读者理解并建立 SoC 的硬件实现图像。

内容体系

本书共 5 章,主要介绍了 SoC 的系统组成。其中,第 1 章介绍了 SoC 的构成、设计流程和设计方法学；第 2 章介绍了处理器体系结构、缓存、处理器系统、处理器调试和跟踪、ARM 处理器；第 3 章介绍了存储器、存储子系统的层次、DRAM 和闪存；第 4 章介绍了总线的基本概念、总线设计、AMBA 总线、通信总线和系统总线；第 5 章介绍了 I/O 接口、I/O 通信、芯片接口、串行接口、音频与视频接口、网络接口、系统外设。

在阅读和学习本书的过程中，建议读者同步查阅其配套书籍《SoC 设计基础教程——技术实现》，以便获得更全面和深入的知识。

本书的后继——《SoC 设计高级教程》介绍了 SoC 设计的专门知识和先进技术。

本书覆盖内容较多，读者可以按章节顺序阅读，也可以根据兴趣和需要挑选阅读。

补充阅读

在国内外的专业网站上，有很多对 SoC 设计的专业介绍、心得、总结和翻译资料，覆盖了几乎所有 IP、EDA 工具和设计环节，编著者列出了成书过程中参考过的文献，感兴趣的读者可扫描前言后面的二维码进一步阅读。

本书读者

本书的读者主要是从事 SoC 设计的专业工程师、从事芯片规划和项目管理的人员。通过阅读本书，SoC 架构设计师和芯片设计工程师将加深对 SoC 和 SoC 设计全流程的了解，IP 设计工程师可以加深对全芯片和其他模块的设计方法及流程的了解。此外，本书也为芯片规划和项目管理人员提供了技术细节。

本书的部分内容可以用作大学的教学内容和企业的培训内容，供老师、具有电子技术知识的高年级本科生和研究生，以及从事 SoC 设计的专业人员阅读。

结语

虽然编著者动笔时充满了热情和勇气，但是在写作过程中不断遭遇挫折，甚至有些难以为继：一方面是工作量超出了编著者最初的估计，有些内容也超出了编著者的认知和经验；另一方面是写作期间的工作变动和任务调整影响了写作进度，有些内容只能忍痛舍弃。所幸终于成文，非常感谢所有予以支持的朋友和同事。

限于编著者水平，书中难免存在错误和疏漏之处，欢迎读者予以指正，以便再版时修正。

致谢

本书初稿曾经供小范围读者阅读，他们给出了很多建议。在修改稿的基础上，多位技术专家认真审读了全文，并提出了很多修改意见。审阅专家有徐华锋（第 1 章、第 5 章）、刘少永（第 2 章、第 3 章）、郭彬（第 3 章）、张斯沁（第 3 章）、李涛（第 4 章）、韩彬（第 5 章）。另外，众多朋友花费时间，帮忙制作了大量插图，他们（按笔画排序）是马腾、王一涛、王利静、王魏、巨江、田宾馆、刘洋、刘浩、孙浩威、李季、李涛、李敬斌、杨天赐、杨慧、肖伊瑶、张广亮、张珂、陆涛、周建文、胡永刚、柳鸣、韩彬、焦雨晴、谭永良、樊萌、黎新龙等。没有他们的付出，本书难以成文出版，编著者在此向他们深深致谢。

在本书选题和撰写过程中，得到了电子工业出版社牛平月老师的大力帮助和支持，在此致以衷心的感谢！

本书参考文献和延伸阅读请扫码获取。

本书提供两个附录：附录 A 专业术语的中英文对照和附录 B 设计术语索引，请扫码获取。

参考文献与延伸阅读

附录

目录

第1章 SoC 设计 1
1.1 SoC 的构成 1
1.2 SoC 的设计流程 6
1.3 SoC 的设计方法学 10
1.3.1 模块化设计 10
1.3.2 层次化设计 13
1.3.3 标准化设计 15
1.3.4 自动化设计 16
小结 17

第2章 处理器子系统 19
2.1 处理器体系结构 20
2.1.1 处理器微架构 22
2.1.2 流水线冲突 28
2.2 缓存 34
2.2.1 缓存结构 34
2.2.2 缓存寻址 36
2.2.3 缓存策略 41
2.2.4 缓存操作 44
2.2.5 缓存层级 46
2.3 处理器系统 48
2.3.1 处理器存储空间映射 48
2.3.2 系统存储空间映射与重映射 49
2.3.3 启动操作 53
2.3.4 中断处理 60
2.3.5 高速缓存一致性 61
2.4 处理器调试和跟踪 66

2.4.1　CoreSight 接口 67
　　2.4.2　DAP 69
　　2.4.3　CoreSight 组件 71
　　2.4.4　调试和跟踪系统 73
　2.5　ARM 处理器 79
　　2.5.1　ARM 处理器系列 79
　　2.5.2　ARM 公司的授权方式 83
　小结 84

第 3 章　存储子系统 86

　3.1　存储器 87
　　3.1.1　半导体存储器 87
　　3.1.2　存储器结构 89
　　3.1.3　存储器的性能指标 100
　3.2　存储子系统的层次 101
　　3.2.1　内存 101
　　3.2.2　外存 105
　　3.2.3　虚拟内存 105
　3.3　DRAM 114
　　3.3.1　DRAM 存储组织 115
　　3.3.2　DRAM 的存储原理 119
　　3.3.3　DDR 技术 125
　3.4　闪存 137
　　3.4.1　NOR 闪存 138
　　3.4.2　NAND 闪存 140
　　3.4.3　闪存卡 144
　小结 151

第 4 章　总线 153

　4.1　总线的基本概念 154
　　4.1.1　总线的分类 154
　　4.1.2　总线的特性及主要技术指标 158
　4.2　总线设计 159
　　4.2.1　总线结构 159
　　4.2.2　总线构件 161

  4.2.3 总线仲裁 165
  4.2.4 总线操作和定时 168
 4.3 AMBA 总线 173
  4.3.1 AMBA 总线的基本概念 173
  4.3.2 AMBA 总线的发展历程 183
 4.4 通信总线和系统总线 189
  4.4.1 PCI 总线 189
  4.4.2 USB 192
 小结 193

第 5 章 外设及接口子系统 194

 5.1 I/O 接口 194
  5.1.1 I/O 接口的基本功能 195
  5.1.2 I/O 端口编址 196
  5.1.3 I/O 接口规范 198
  5.1.4 传输数据的控制方式 198
 5.2 I/O 通信 210
  5.2.1 I/O 通信方式 210
  5.2.2 I/O 通信时序 213
 5.3 芯片接口 214
 5.4 串行接口 217
  5.4.1 I²C 接口 218
  5.4.2 SPI 219
  5.4.3 UART 接口 223
 5.5 音频与视频接口 225
 5.6 网络接口 234
 5.7 系统外设 238
 小结 240

第1章 SoC 设计

片上系统，一般称为 SoC 或 SoC 芯片，由处理器、存储器、外设和若干特定功能组件通过总线集成在一颗芯片上构成，嵌入式软件可以运行在 SoC 上。SoC 设计充分利用了 IP 核可重用技术，有效降低了产品的开发成本，缩短了开发周期。另外，采用先进工艺可以提高芯片集成度和速度，降低功耗（Power Consumption）。

SoC 可以分为两类：一类是客户定制的专用 SoC；另一类是面向特定用途的通用 SoC。SoC 在性能（Performance）、功耗、面积（Area）、可靠性（Reliability）和生命周期（Life Cycle）方面具有明显的优势，广泛应用于通信、显示、安防、人工智能、自动驾驶等工业、国防和生活领域。

本章介绍了 SoC 的构成、SoC 的设计流程和 SoC 的设计方法学。

1.1 SoC 的构成

根据功能不同，SoC 可分为处理器子系统、存储子系统、互连子系统、外设及接口子系统、应用子系统和芯片管理电路。

- 处理器子系统包括微控制器（MCU）、微处理器（MPU）和数字信号处理器（DSP）等。
- 存储子系统包括 ROM、RAM、DDR SDRAM 和闪存等。
- 互连子系统包括总线和转换桥等。
- 外设及接口子系统包括 USB、以太网、通用异步收发接口等。
- 应用子系统包括无线连接模块、图像处理模块等。
- 芯片管理电路包括电源管理单元、时钟和复位管理模块等。

SoC 的系统框图如图 1.1 所示。

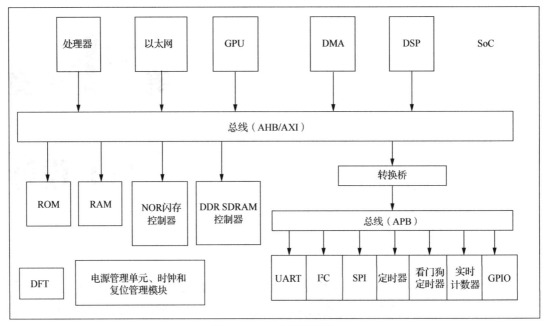

图 1.1 SoC 的系统框图

1. 处理器子系统

SoC 中使用的处理器可以分为 MCU、MPU 和 DSP 三种类型。其中，MCU 以运算效能高和速度快为特征；MPU 以多功能单片集成为特征；DSP 则以运算能力强为特征。现代 SoC 使用两个或两个以上处理器（核）来加快运行速度，同时保持可接受的功耗。处理器子系统的其他组件有中断控制器（Interrupt Controller）、邮箱（Mailbox）、看门狗定时器（Watchdog Timer）、系统计数器（System Counter）、定时器（Timer）和实时计数器（Real Time Counter）等。处理器子系统的组件如图 1.2 所示。

图 1.2 处理器子系统的组件

SoC 中的 MPU 分别基于复杂指令集计算（Complex Instruction Set Computing，CISC）架构和精简指令集计算（Reduced Instruction Set Computing，RISC）架构。目前，桌面计算

机采用的 X86 架构使用基于 CISC 架构,包括 Intel、AMD 在内的 MPU 厂商一直沿用此架构。基于 RISC 架构的嵌入式 MPU 可以分为 ARM 架构、PowerPC 架构、MIPS 架构和 RISC-V 架构。

ARM 架构作为移动设备领域的主导架构,拥有出色的低功耗和高性能特性。ARM Cortex 处理器主要有三个系列,分别为 A 系列、R 系列、M 系列。其中,A 系列处理器主要用于消费电子应用,应用十分广泛;R 系列处理器主要用于对实时性要求较高的应用,如通信、航空航天等领域的应用;M 系列处理器则用作 MCU,主要用于汽车、工控、家电、玩具等领域的应用。

RISC-V 架构是基于 RISC 架构的开放指令集架构,虽然起步较晚,但是发展很快。基于 RISC-V 架构的处理器已应用于服务器芯片、工控器芯片等。

处理器的选择主要考虑硬件指标、软件指标、稳定性及价格等因素。

硬件指标主要包括指令集(如 ARMv8、RISC-V 32 位指令集等)、特定工艺下的频率、功耗、面积参数,典型处理器基准测试跑分(如 DMIPS、CoreMark 等),不同指令集组合(如 RISC-V 32 位或是 RISC-V 64 位指令集、DSP、单双精度浮点处理单元等),存储单元的结构及大小,中断类型、个数和优先级,支持的总线接口类型等。

软件指标主要包括完善的软件开发环境和开发平台(如 IDE、SDK 等)、成熟稳定的工具链(如编译器、仿真器、调试器等)、标准的软件接口及丰富的算法软件库等、友好的第三方软件支持、主流的操作系统支持(如 RTOS、Linux 等)。

稳定性主要指处理器 IP 的验证完备性,即其采用不同的工艺和测试平台时,所具备的鲁棒性。

价格包括授权费用和后续的支持、维护成本。

2. 存储子系统

存储子系统是 SoC 的重要组成部分,主要用于存储程序(指令)和数据,可分为寄存器(Register)、高速缓冲存储器(Cache,简称高速缓存或缓存)、主存储器(Main Memory,又称内存)和辅助存储器(Auxiliary Memory,又称外存)。其中,寄存器位于处理器内部,用于暂时存储指令和数据,读/写速度最快;缓存用于高速存取指令和数据,速度快,但存储容量小;内存用于存储处理器运行期间的大量程序和数据,速度较快,但存储容量不大;外存用于存储系统程序、大型数据文件及数据库,存储容量大,成本低。

为了满足存储容量大、速度快、成本低的要求,存储子系统通常采用多级存储器体系结构。小型 SoC 的存储子系统主要包括小容量的 NOR 闪存和小容量的 SRAM,大型 SoC 除内置 SRAM 外,还外接大容量 NAND 闪存及大容量 DRAM。存储子系统的组件如图 1.3 所示。

存储器分为易失性存储器(Volatile Memory)和非易失性存储器(Nonvolatile Memory)

两大类。易失性存储器是指掉电后数据会丢失的存储器，主要包括速度快、功耗低的 SRAM 和高密度的 DRAM。非易失性存储器则刚好相反，在实际应用中主要包括闪存、EEPROM 等。

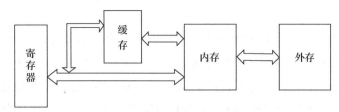

图 1.3　存储子系统的组件

缓存由 SRAM 模块组成，在物理上靠近处理器，利于其快速访问。ROM 速度快、成本低、功耗低，但是不能被覆盖，无法在后期更新，适用于固化足够稳定、在芯片生命周期内不需要更新的代码。

内存的读/写速度快，可供处理器快速获取运行所需数据和应用程序。闪存不但具备 RAM 的高速性，而且有 ROM 的非挥发性，有助于解决外存与内存在速度上存在的瓶颈问题。其中，NOR 闪存的存储容量一般很小且造价高，但上电后处理器可以直接读取，所以常用作启动介质；NAND 闪存的存储容量一般很大且造价低，但上电后需要运行相应的初始化程序后才能通过接口进行读/写。嵌入式存储器往往与芯片自身的工艺特性有很大关系，分立式存储器则主要围绕存储器的工艺进行优化。对于 28nm 或更早的工艺，可以使用嵌入式闪存（e-Flash），将其集成在 SoC 上；对于更先进的工艺，由于技术限制，需要选择外部闪存。芯片外部的存储器一般单独封装，也可以与其他裸片一起封装。

处理器连接内存和外存的方式不同。内存通过地址访问处理器，占用处理器的地址空间；外存通过外存接口连接处理器，不占用处理器的地址空间，但访问速度相对较慢，访问时序也比较复杂。SoC 常用的外存有 SD 卡和 MMC 等。

现有存储技术存在一些缺陷，如 RAM 存在易失性，掉电后，RAM 中的数据会丢失且 RAM 易受电磁辐射干扰，此缺陷在极大程度上限制了其在国防、航空航天等一系列关键高科技领域的应用；闪存的写入速度慢，写入算法也比较复杂，无法满足实时处理系统中高速、高可靠性写入的要求，同时功耗较高，无法满足嵌入式应用的低功耗要求。制造商正在研究一系列存储新技术，可以结合内存的速度与闪存的存储容量，包括铁电 RAM、磁阻 RAM、相变存储器等。

3. 互连子系统

互连子系统实现了 SoC 的互连，包括共享总线（Shared Bus）、交叉矩阵（Crossbar）和片上网络（NoC）等。商业供应商提供多种类型的互连结构，以便针对给定的连接、速度和面积要求生成最有效的网络。在实际应用中，往往需要在同一 SoC 中组合使用这些结构。图 1.4 所示为互连子系统的主要组件。

最基本的互连结构是传统的共享总线，其使用简单的多路选择器和分离器，主、从设备之间同一时刻只能有一对通信，如图 1.5 所示。共享总线可以通过多层总线连接处理器、存储器和外设。

图 1.4　互连子系统的主要组件

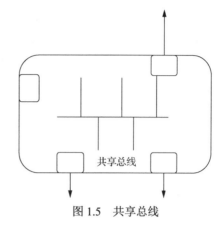

图 1.5　共享总线

交叉矩阵提供连接多个主、从设备的并行访问，如图 1.6 所示。交叉矩阵可以实现所有主、从设备之间的全路径连接，也可以根据需要构造必要路径。当连接的主、从设备数量较多时，交叉矩阵的物理实现和时序收敛（Timing Closure）具有挑战性。

近年来，SoC 设计广泛采用基于网络的拓扑结构，即基于路由的数据包互连网络（称为片上网络），以提供高可扩展性，连接越来越多的主、从设备，如图 1.7 所示。片上网络的连接线较少，可以减少拥塞，运行在高频，以获取较高的带宽，但延迟相对较大。

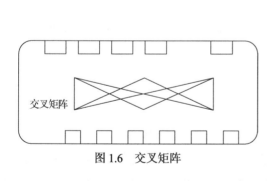

图 1.6　交叉矩阵

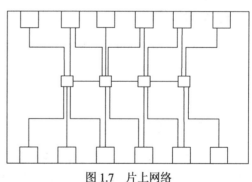

图 1.7　片上网络

4．外设及接口子系统

在早期的计算机系统中，处理器是一颗独立的芯片，UART 控制器等也是独立的芯片，UART 控制器等相对于处理器来说，就是外设；处理器与外设的连接一般需要采用专门的接口电路和总线。随着芯片制造工艺的提高，出现了片内外设，即芯片内部用于与外设连接的接口电路和总线，片外外设则指芯片外部的设备，如图 1.8 所示。

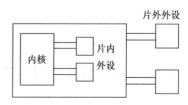

图 1.8　片内外设与片外外设

常见片内外设包括通信外设（Communication Peripheral）、系统外设（System Peripheral）和应用外设。片外外设可通过芯片的 I/O、SPI 和 I²C 等总线控制。

通信外设有低速通信接口（如 UART、SPI、I²C 等）、高速通信接口（如 USB、PCI-e 等）；系统外设有定时器、键盘、实时时钟等；应用外设有 ADC、DAC、音频外设（Audio Peripheral）、视频外设（Video Peripheral）等。图 1.9 所示为外设及接口子系统的组件。

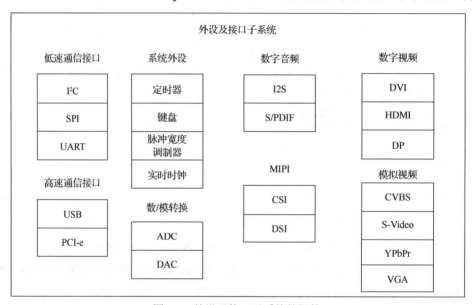

图 1.9　外设及接口子系统的组件

5．应用子系统

不同应用领域的 SoC 内部含有特定的功能子系统。例如，智能手机中的 SoC 集成了基带处理器等通信模块，语音 SoC 集成了与语音信号处理相关的模块，显示 SoC 则集成了与视频处理相关的模块。

6．芯片管理电路

复杂 SoC 中的众多模块可能需要多档电源，因此 SoC 常被划分为多个电源域，以实现各自独立上电与掉电。电源管理芯片或片上电源管理单元可实现高效率的多电源应用场景。

时钟和复位管理设计关系到整个 SoC 是否能够正常使用，伴随着多时钟域和多复位域需求的提高，其设计规模越来越大，复杂度也越来越高。因此，通常在 SoC 中设计一个专用模块，集中管理芯片的时钟和复位。

1.2　SoC 的设计流程

SoC 的设计流程可分为前端设计（Front End Design，又称逻辑设计）和后端设计（Back

End Design，又称物理设计或物理实现）两部分，如图 1.10 所示。通常情况下，可测性设计（DFT）之前的流程称为前端设计，DFT 之后的流程称为后端设计。DFT 可以前移至前端设计，也可以后移至后端设计，还可以独立称为中端设计。

1．芯片规格

通常情况下，客户都有其针对的目标市场和应用场景，所以早期的产品需要清晰设定一些工艺、功能、运行速度、接口规格、环境温度及消耗功率等具体功能和性能方面的要求，以作为芯片规格。

芯片工艺的选择与一系列因素有关，主要包括工艺特点、工艺成熟度、技术需求、IP 成熟度和成本等，如图 1.11 所示。

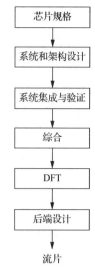

图 1.10　SoC 的设计流程

设计团队希望用最短的时间和最少的人力完成 SoC 软/硬件的设计和验证，同时支付合理的 IP、流片和封装测试费用等，以达到芯片研发的高性价比。

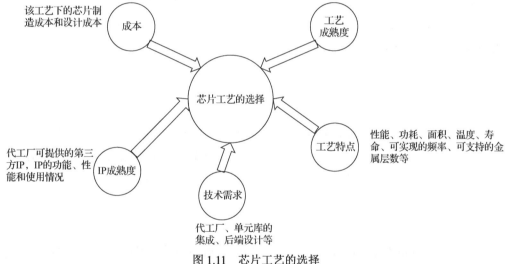

图 1.11　芯片工艺的选择

2．系统和架构设计

系统和架构设计是指根据芯片规格和软/硬件功能，制定解决方案和设计具体实现架构。依据功能将 SoC 划分为若干子系统或功能模块，并评估将要使用的 IP，通过具体应用和算法评估来确定整个架构。硬件设计描述芯片的总体结构、模块的划分和特性总线等，如处理器是否需要浮点处理单元、存储结构及其容量大小、所需要的系统总线结构等。软件设计对 SoC 设计至关重要，软件开发环境（如 IDE、SDK 等）、基础工具（如编译器、调试器等）、操作系统支持程度等都关系到芯片终端客户软件开发的效率。

3．系统集成与验证

（1）IP 复用及模块设计。

根据硬件设计划分出一系列功能模块，确定可重复使用的 IP 和需要重新设计的模块。购买商业 IP 可以加快设计进度，保证设计质量。使用硬件描述语言实现硬件电路功能，形成 RTL 代码。

（2）系统集成。

系统集成主要包括模块集成、时钟复位逻辑和引脚复用逻辑设计。模块集成是指将不同模块（包括外购 IP 和自研模块）集成在一起，实现一个完整的 SoC 设计。

（3）系统验证。

通过系统验证检验编码设计是否正确，即硬件设计语言描述是否精确地满足了芯片规格中的所有要求。检验的标准是之前制定的芯片规格，这是编码设计正确与否的黄金标准，一切违反和不符合芯片规格要求的地方都需要进行修改和重新编码。设计和验证是反复迭代的，直至验证结果完全符合芯片规格要求为止。

基于 IP 实现的 SoC 的功能验证主要采用自底向上（Bottom-Up）的验证策略，即在将模块集成到芯片上之前先对每个 IP 或模块进行验证，然后对整颗芯片或系统进行验证。此阶段的验证称为功能仿真或前仿真、RTL 仿真。

4．综合

（1）逻辑综合。

功能仿真通过以后将进行逻辑综合（Logic Synthesis）。使用 EDA 工具将硬件描述语言设计的逻辑自动转换为特定工艺下的网表，即将 RTL 的硬件设计语言描述通过编译（Compile）产生符合约束条件的门级网表，综合出来的电路在面积、时序等目标参数上应达到预定标准。

（2）形式验证。

形式验证（Formal Verification）是指以功能验证后的硬件描述语言设计为参考，对比综合后的网表功能，验证其在功能上是否等价，以保证在逻辑综合过程中没有改变原本硬件设计语言描述的电路功能。

5．DFT

芯片制造过程中的缺陷会导致其功能和时序异常，需要通过测试加以筛选。DFT 的宗旨是在设计时就考虑将来的测试，如逻辑电路采用扫描链的可测试结构，芯片的 I/O 接口采用边界扫描方式，内部存储器采用内建自测试电路。

6．后端设计

后端设计包括布局规划（Floorplaning）、布局（Placement）、时钟树综合（CTS）、布线

（Routing）、寄生参数提取（Parasitic Parameter Extraction）和签核（Signoff），其流程如图1.12所示。

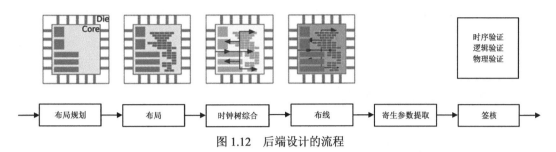

图1.12 后端设计的流程

（1）布局规划。

布局规划是指确定设计中的各个模块在版图上的位置，主要包括I/O规划、模块放置、供电设计。布局规划结果将直接影响芯片的最终面积。

（2）布局。

布局是指合理放置标准单元，可以按照标准单元的连接放置，也可以按照时序要求放置。

（3）时钟树综合。

简而言之，时钟树综合即时钟的布线。传统做法是将时钟信号对称分布到各个寄存器单元，使它们之间的时钟延迟差异最小。

（4）布线。

布线用于实现各种逻辑元件（如标准单元等）之间的物理连接。

（5）寄生参数提取。

走线本身存在电阻，相邻走线之间存在耦合。寄生参数提取是指提取版图上内部互连所产生的寄生电阻和电容，以进行时序分析。

（6）签核。

将设计数据交付给芯片代工厂（Foundry）进行生产之前，需要对设计数据进行复检，确认其达到交付标准，这些检查和确认统称为签核，包括时序验证（Timing Verification）、逻辑验证（Logic Verification）、物理验证（Physical Verification）、功耗验证（Power Verification）等。

时序验证是指通过静态时序分析对电路的时序进行验证，通过提取电路中所有路径的延迟时间信息，找出违背时序约束的错误。

逻辑验证包括逻辑功能的等效性检查和网表仿真。逻辑验证是指利用布局布线后获得的精准延迟时间等参数和网表来确认网表功能和时序是否正确，又称为后仿真或门级仿真。

物理验证包括LVS（Layout Vs. Schematic）、DRC和ERC。其中，LVS是指版图与逻辑综合后的门级电路图的对比验证；DRC意为设计规则检查，即检查连线间距、连线宽度等是否满足工艺要求；ERC意为电气规则检查，即检查短路和开路等电气规则是否违例。

功耗验证是指对电源网络进行功耗分析，确定电源线宽度和电压降等。

签核意味着 SoC 设计阶段结束。

将版图以 GDSII 文件的形式交付给芯片代工厂，先在晶圆（Wafer）硅片上制造出实际的电路，再进行封装和测试，便可获得芯片。

1.3 SoC 的设计方法学

目前，SoC 设计面临着诸多挑战。开发上，IP 类型繁多、功能多样，使得芯片的集成困难度提高，验证耗时长且复杂；实现上，在先进工艺下，芯片的时序收敛和电源完整性问题变得愈加突出，将模拟电路、数字电路、存储器等集成在同一个 SoC 上也愈加困难；成本上，SoC 的开发成本高，开发周期长。

SoC 设计可采用 IP 复用技术和层次化设计方法，借助 EDA 工具，较快、较好地完成设计，满足市场需求。

1.3.1 模块化设计

在现代 SoC 设计理念中，IP 是构成 SoC 的基本单元。所谓 IP，就是满足特定规范并能在设计中复用的逻辑、功能模块，可以用作不同芯片设计中的构建模块，以便更快地设计大型芯片。

IP 的选择通常需要考虑功能、运行速度、面积、功耗、成熟度和成本等，可以定制 IP 或从 IP 平台中挑选。IP 可以分为硬件 IP、软件 IP；数字 IP、模拟 IP、混合信号 IP；设计 IP、验证 IP 等。根据设计交付的方式，IP 可以分为软核、固核、硬核三种。其中，直接交付 RTL 代码的 IP 称为软核；交付网表的 IP 称为固核；交付 GDSII 文件的 IP 称为硬核。

IP 实现了特定功能，因此也可将其称为功能模块。以 IP 为基础进行 SoC 设计，可以缩短设计所需周期。图 1.13 所示为一个典型 SoC 的功能框图，可以看到，一个或多个功能模块构成了 SoC 的不同子系统。

SoC 中会用到很多 IP，由于供应商不同，其命名、接口、总线、时钟、复位处理、测试等都有差异。对于芯片设计者来说，需要进行标准化处理，即按照特定的集成规范和指引，为各个 IP 配上一定的包装，形成标准化的布局布线模块（Layout Block），以便实现芯片的顶层集成。

一个布局布线模块可以包含多个功能模块，如图 1.14 中的布局布线模块 2 和布局布线模块 4；也可以只包含一个功能模块，如图 1.14 中的布局布线模块 6、布局布线模块 7 和布局布线模块 8。布局布线模块的划分应该由前端工程师和后端工程师讨论决定。

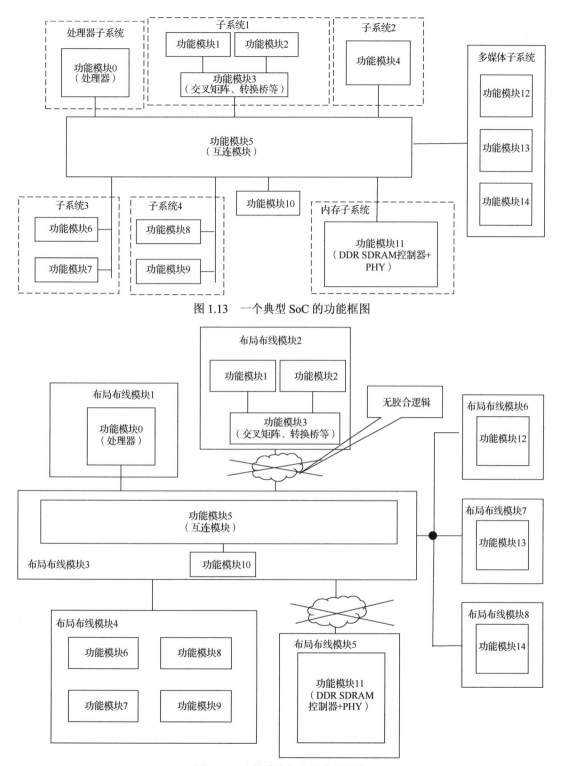

图 1.13 一个典型 SoC 的功能框图

图 1.14 功能模块与布局布线模块

进行模块划分时，在芯片顶层上，最好只有功能模块的相互连接，避免使用胶合逻辑

（Glue Logic），如图 1.15 所示。

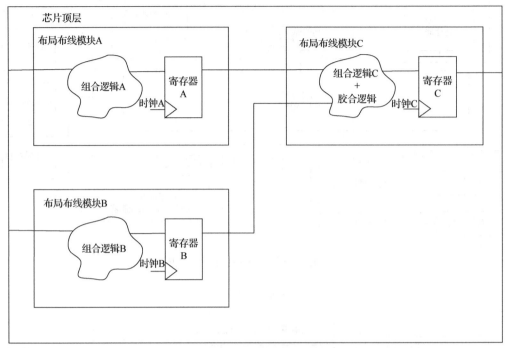

图 1.15　避免使用胶合逻辑

在图 1.16 中，芯片顶层存在胶合逻辑，即例化的与非门单元，如果采用自底向上的集成策略，需要在顶层进行额外的编译。

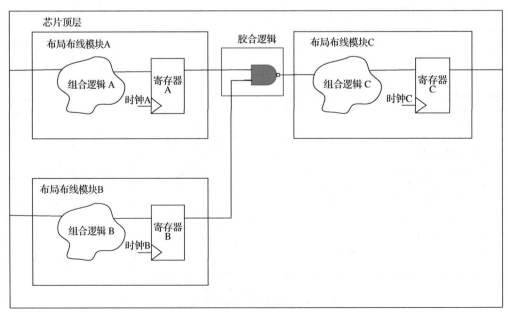

图 1.16　胶合逻辑

SoC 设计通常并不采用完全的自底向上或自顶向下（Top-Down）集成策略，而是采用一种混合策略，即在芯片顶层中挑选部分布局布线模块为硬件模块（Harden Block），单独对其进行后端设计。图 1.17 中，布局布线模块 1、布局布线模块 5 和布局布线模块 6 为硬化模块。

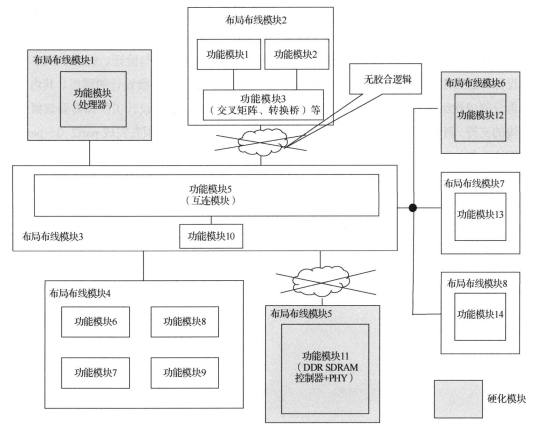

图 1.17　SoC 设计的混合策略

1.3.2　层次化设计

芯片的层次化设计较早应用在综合和后端设计流程中，以综合为例，有两种策略：自顶向下和自底向上。自顶向下策略是指将整个设计一次性读入，施加顶层约束后直接进行综合；自底向上策略则是指先单独综合各个模块，分析其是否满足约束，然后读入顶层文件，施加顶层约束后进行顶层综合。

采用自顶向下策略时，设计者无须考虑各个模块之间的依赖关系，也不需要制定模块之间的时序和负载预算，一切交由综合工具自动考虑。另外，设计者编写的脚本相对简单，维护起来也比较方便。采用自底向上策略的优点是利用了分而治之的思想，摆脱了对工作站硬件资源的限制；缺点是实现步骤比较多，尤其对各个模块之间的时序和负载预算要求很高，如果不注意很容易造成违例。由于自顶向下设计更符合人们的逻辑思维习惯，也容易使设计者对复杂的系统进行合理的划分与不断的优化，因此其是中小规模芯片设计的主流思想，这样在不长的时间内便可以得到满意结果。

后端设计也采用上述两种策略，即自芯片顶层一次性完成布局布线和时序收敛等或者先完成模块，再在芯片顶层完成布局布线和时序收敛等。

随着芯片的规模越来越大，无论是考虑综合工具的运行时间还是考虑运行结果质量，直接完成全芯片（Full-Chip）越来越不现实。因此，从芯片的规划开始，层次化的理念便贯穿整个设计流程。所谓层次化，是指在 SoC 设计中，从系统集成与验证、综合、DFT 到后端设计，都采用顶层-模块的基本原则，即单一模块可以成为次一级设计的顶层，其内部可以再分割成次级顶层和次级模块，依次类推。因此，各级顶层的设计工作都需要该级内部模块的支持。例如，在图 1.18 中，开始进行 sub-top2 的综合时，必须先完成 part2_0～part2_3 的综合工作。

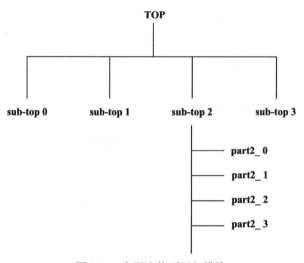

图 1.18 多层次的顶层与模块

层次化的设计方法会带来运行时间的瓶颈，如何尽快开发出系列 SoC 呢？一种方法是使用基于平台的设计（Platform Based Design，PDB）方法，即构建一种基于 IP 的、面向特定应用领域的 SoC 设计环境，其可以在更短的时间内设计出满足需求的电路；另一种方法使用基于 IP 复用的方法，又称基于模块的设计（Block Based Design，BBD）方法，其具体实现仍可以分成自顶向下或自底向上的设计方法。

采用自顶向下的设计方法时，首先从系统设计入手，在顶层进行功能方框图的划分和结构设计，在功能级用硬件描述语言对高层次的系统行为进行描述并仿真；然后利用综合工具将设计转化为由具体门电路构成的网表，其对应的物理实现即为芯片。SoC 设计的主要仿真、综合和后端设计都在高层次直接完成，既有利于在早期发现设计上的错误，又避免设计工作的浪费，减少工作量。

采用自底向上的方法时，首先在系统级将整颗芯片分解或划分为若干模块，然后对模块分别进行描述、仿真、综合和后端设计，最后将整个设计整合起来。

两种设计方法都必须经过"设计—验证—修改设计—再验证"的过程，不断迭代，直至得到的结果能够完全实现所要求的逻辑功能，并且在速度、功耗、价格和可靠性方面实现较为合理的平衡。

事实上，大型 SoC 设计大都采用混合式设计方法，以自顶向下设计方法为主，辅以自底向上设计方法。对一些重要模块进行单独设计，基本完成后再将其整合进芯片顶层，这样既能够保证重要模块的设计质量，又可以减少对设计资源的需求。

1.3.3 标准化设计

布局布线模块是基本的顶层集成单元，也是一个潜在的物理布局规划和时序收敛模块，其设计需要遵循一定的规范，以便实现高程度的标准化，有利于后续的自动化设计和维护。图 1.19 所示为标准化模块的基本构成，除功能模块外，还包含了一些与集成相关的基本模块，如数据总线转换桥、寄存器总线转换桥、复位同步器、时钟分频和门控电路、中断控制器和 DFT 控制器等。

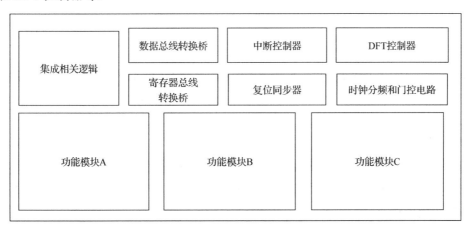

图 1.19　标准化模块的基本构成

项目或团队对布局布线模块的架构设计通常包括总线结构、时钟结构、复位结构、DFT 结构、低功耗结构和中断电路等。对于接口设计，会制订统一的规范，各模块设计团队必须依据规范完成相应的集成，并提供给顶层团队。

为了保证设计质量，防止出错，同时统一设计风格，便于脚本搜索和利用，通常由专人负责创建和维护一些基本模块，如时钟分频和门控电路等，形成集成 IP 单元库，使用者可选择适合的单元实例化，而非各自独立编码。

集成 IP 单元库内存在仿真、FPGA 和 ASIC 等多个分支，根据配置文件中的宏变量加以区分。其中，仿真分支使用行为级描述，供 RTL 仿真模式下使用；在 FPGA 分支下，时钟分频等处理需要采用直通方式；ASIC 分支则供综合等使用，不同的工艺库可以通过设置宏变量或采用变量传递方式来区分，模块的功能通过直接采用标准单元库中的单元，将其实例化并连接而实现。

除 RTL 代码外，需要提供多种标准化模块模型，以满足不同设计环节的需求，方便设计。其中，总线功能模型（BFM）含有寄存器总线和数据总线模型，可用于连接性仿真；Stub 模型（Stub Model）含有端口信息和简单配置，可用于集成和等效性检查；端口模型（I/O Model）仅含有端口信息，可用于综合，如图 1.20 所示。

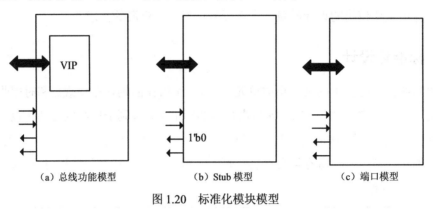

图 1.20 标准化模块模型

1.3.4 自动化设计

芯片制造工艺的进步为 SoC 的实现提供了硬件基础，EDA 软件技术的提高则为 SoC 创造了必要的开发平台。

1. EDA 工具

EDA 是集成电路（IC）设计所必需的工具，也是最重要的工具，新理论、新标准和新方法正在不断推动着 SoC 设计技术的发展。EDA 工具的开发凝聚了数学、物理、材料和工艺等学科的大量知识。

经过数十年发展，EDA 工具已非常丰富，从系统架构评估到物理实现，从仿真、综合到版图，从模拟、数字到混合设计，以及后续的制造和测试等，EDA 工具几乎涵盖了芯片设计的方方面面。

EDA 产业是 IC 设计最上游、最高端的产业。目前，全球 EDA 产业主要由 Synopsys 公司、Cadence 公司和西门子公司旗下的 Mentor Graphics 所垄断。三巨头基本都能提供全套的芯片设计 EDA 解决方案，它们的产品在全球市场中的市场份额超过 60%。其中，Synopsys 公司是全球最大的 EDA 企业，其优势在于数字电路的前端设计、后端设计和时序签核；Cadence 公司的强项在于模拟或混合信号的定制化电路和版图设计；Mentor Graphics 在后端设计方面的实力比较强，在 DFT 方面颇具优势。SoC 设计中常用的 EDA 工具如表 1.1 所示。

表 1.1 SoC 设计中常用的 EDA 工具

分类		特点	主要工具
电子电路设计与仿真		利用仿真软件对设计的电路图进行实时模拟，然后通过分析进行改进，从而实现电路优化设计	SPICE/PSPICE、EWB、MATLAB、System View、MMICAD
PCB 设计软件		画板级电路图、布局布线和仿真的工具，即用于摆放元器件，然后将元器件连接起来	Altium Designer/Protel、Viewlogic、Mentor PADS、Cadence Allegro、OrCAD、PSD
IC 设计软件	设计输入工具	EDA 软件必备的基本工具	Composer、Viewdraw、Modelsim FPGA
	设计仿真工具	验证设计是否正确	IRUN、VCS、Modelsim
	逻辑综合工具	将硬件设计语言变成门级网表	Design Compiler、DCNXT、Genus
	静态时序分析	在时序上对电路进行验证分析	Prime Time、PEAD
	形式验证	从功能上对综合后的网表进行验证	Formality、Conformal Logic Equivalence Check
	DFT	将一些有特殊结构的设计植入电路增强电路内部节点的可控性和可观察性，从而缩短测试时间、提高故障覆盖率	DFT Compiler、Tessent
	布局和布线	用于标准单元、门阵列，以便实现交互布线	ICC2、Innovus、Fusion Compiler
	寄生参数提取	分析信号完整性，防止因走线耦合产生信号噪声	Star-RCXT
	物理验证工具	包括版图设计工具、版图验证工具、版图提取工具	Calibre、Hercules、Virtuoso
	模拟电路仿真器	针对模拟电路进行仿真	HSPICE

此外，EDA 企业还提供 IP 授权（硬核和软核），通常包括存储器、高速接口和电源管理等研发成本或门槛相对较高的硬核。

2. 基于脚本的设计

除 EDA 工具外，SoC 设计还需要充分利用各种脚本来提高工作效率和质量。例如，在进行芯片集成时，大量模块的连接不但十分耗时，而且容易出错，开发集成脚本可以方便模块互连，维护和修改不同版本等；引脚配置、复用、连接和验证的工作量很大，合适的脚本可以实现快速迭代；验证环境运行的参数很多，通过脚本可以灵活配置、方便使用。

常用的脚本语言有 CSH、TCL、Perl 和 Python。

小结

- SoC 可分为处理器子系统、存储子系统、互连子系统、外设及接口子系统、应用子系统和芯片管理电路。
- SoC 设计流程分为前端设计和后端设计两部分。前端设计包括芯片规格、系统和架构设计、系统集成与验证、综合；后端设计包括布局规划、布局、时钟树综合、布线、寄生参数提取和签核。DFT 可以前移至前端设计，也可以后移至后端设计，还可以独立称为中端设计。
- SoC 设计基于 IP 复用技术和层次化设计方法，借助 EDA 工具，满足性能、面积和功耗需求。

第 2 章

处理器子系统

中央处理器(Central Processing Unit,CPU)通常简称为处理器,主要由控制单元、运算单元和存储单元组成,它们通过处理器内部的总线连接起来,如图 2.1 所示。其功能主要是解释指令和处理数据,集成在通信、多媒体、汽车、工控等领域的各种 SoC 中。

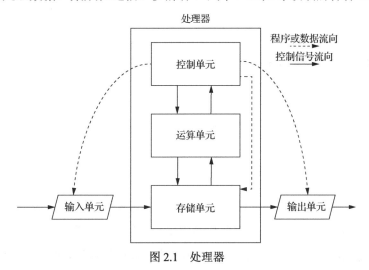

图 2.1 处理器

指令集又称指令集体系结构(Instruction Set Architecture,ISA)或指令集架构,是处理器一套指令的集合,定义了处理器的行为规范,包含基本数据类型、寄存器、寻址模式、存储体系、中断、异常处理及外部 I/O。不同类型处理器的指令集架构不一样,其中最常见的有复杂指令集和精简指令集。

不同的处理器使用不同的指令集架构,如 Intel、AMD 处理器采用 X86 架构,苹果、高通处理器采用 ARM 架构,SiFive 处理器则采用 RISC-V 架构。不同指令集架构具有各自的特点,X86 架构的性能高、速度快、兼容性好;ARM 架构的成本低、功耗低;RISC-V 架构具备模块化和可扩展的特性。图 2.2 所示为主流处理器的指令集架构及设计公司。

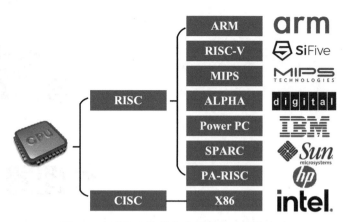

图 2.2　主流处理器的指令集架构及设计公司

ARM 架构采用精简指令集计算架构，其非常节能，适用于移动通信和众多消费性电子产品。RISC-V 架构是基于精简指令集的开放指令集架构，其完全开源、易于移植，可用于服务器、家用电器和工业控制等市场产品。

本章将介绍处理器体系结构、缓存、处理器系统、处理器调试和跟踪，以及 ARM 处理器。

2.1　处理器体系结构

处理器体系结构主要包括指令集架构和处理器微架构，如冯·诺依曼结构和哈佛结构（Harvard Architecture）等。

1．冯·诺依曼结构

冯·诺依曼结构又称普林斯顿体系结构（Princeton Architecture）。处理器将程序的指令存储器和数据存储器合并在一起，因此程序的指令存储地址和数据存储地址是同一存储器中的不同物理地址，由同一总线通过分时复用取指令和取操作数，如图 2.3 所示。该结构简单，但速度较慢，高速运行时，由于不能同时取指令和取操作数，因此传输过程中会形成瓶颈。个人计算机、服务器芯片、ARM Cortex-A 系列嵌入式芯片等都采用冯·诺依曼结构。

2．哈佛结构

哈佛结构将程序的指令存储和数据存储分开，即程序的指令存储器和数据存储器分别是两个独立的存储器，各自使用独立的总线编址和访问，因此取指令和取操作数能完全并行，如图 2.4 所示。分离的总线使处理器可以在一个周期内同时获取指令和操作数，提高了执行速度和数据吞吐率，保证了系统的可靠性，适用于实时性很强的嵌入式系统。微控制器（如 ARM Cortex-M 系列处理器）和大多数 DSP 都使用哈佛结构。

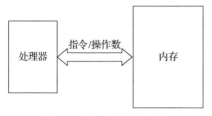
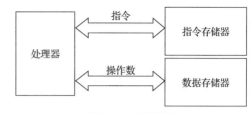

图 2.3　冯·诺依曼结构　　　　　　　图 2.4　哈佛结构

3．改进型哈佛结构

实际上，在处理器设计中，冯·诺依曼结构与哈佛结构的界限已经变得越来越模糊。从软件程序的角度来看，系统往往只有一套地址空间，程序的指令存储地址和数据存储地址指向同一套地址空间的不同物理地址，这符合冯·诺依曼结构的准则；从硬件实现角度来看，现代处理器往往会配备专用的一级指令缓存和一级数据缓存，或者专用的一级指令存储器和一级数据存储器，这符合哈佛结构的准则。现代处理器往往还会配备指令和数据共享的二级缓存或者指令和数据共享的二级存储器。在二级缓存或二级存储器中，程序的指令存储地址和数据存储地址指向同一套地址空间的不同物理地址，并且共享读/写访问通道，这符合冯·诺依曼结构的准则。

现代 SoC 的处理器基本采用混合结构，即处理器外部采用冯·诺依曼结构，处理器内部采用哈佛结构。图 2.5 所示为带缓存的改进型哈佛结构，其对处理器内部的缓存部分进行了拆分，分成了指令缓存和数据缓存两部分，但没有在内存层面进行对应的拆分。

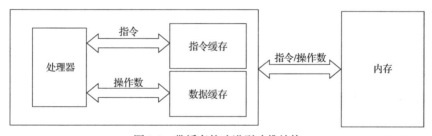

图 2.5　带缓存的改进型哈佛结构

处理器的运算速度与处理器主频、流水线、总线等各方面的性能指标有关。其中，处理器主频是处理器内核工作的时钟频率，单位是兆赫（MHz）或千兆赫（GHz）。提升处理器主频对提高处理器的运算速度至关重要。

- **默频**：默认基础频率，是处理器标出的主频。
- **睿频**：采用加速技术可达到的更高频率，可以理解为自动超频。
- **超频**：人为调整各种指标（如电压、散热、外频、电源等）而实现的频率，属于手动超频。

系统总线频率直接影响处理器与内存的数据交换速度。数据传输最大带宽取决于所有同时传输的数据的宽度和系统总线频率，即数据传输最大带宽=系统总线频率×数据位宽。

例如，支持 64 位处理器的系统总线频率是 800MHz，则其数据传输最大带宽是 800MHz×(64bit/8)=6.4GB/s。

2.1.1 处理器微架构

处理器微架构（CPU Micro Architecture），又称处理器组织架构，是一套用于执行某种指令的微处理器设计方法，其使得指令集架构可以在处理器上被运行。在控制单元方面，指令流水线技术普遍应用于处理器设计。运算单元包含算术逻辑部件（ALU）、浮点处理单元、加载/存储单元（Load/Store Unit）、分支预测单元等，其数量、延迟（存储器的访问时间）及吞吐量（存储器的数据存取量）影响着处理器微架构的性能。

1. 指令的执行过程

几乎所有采用冯·诺依曼结构的处理器都基于 5 个基本操作：取指（Instruction Fetch，IF）、译码（Instruction Decode，ID）、执行（EXEcute，EXE）、访存（MEMory，MEM）、写回（Write Back，WB），如图 2.6 所示。高性能处理器还会增加重命名、派发（Dispatch）、发射等操作，低功耗处理器则会合并某些操作。

图 2.6 指令的执行过程

在 IF 阶段，将一条指令从内存中读取到指令寄存器，程序计数器（PC）中的数值用于指示当前指令在内存中的位置；取指后立即进入 ID 阶段，其间，指令译码器按照预定的指令格式，对取回的指令进行拆分和解释，识别区分出不同的指令类别及读取操作数的方法，可以使用译码得到的数据寄存器索引从通用寄存器组中将操作数读出；在 EXE 阶段，完成指令所规定的各种操作，具体实现指令的功能；在 MEM 阶段，根据指令需要，有可能要访问内存以读取操作数；在 WB 阶段，将 EXE 阶段的运行结果写回处理器的内部寄存器中，以便被后续指令快速读取。

在指令执行完毕，将运行结果写回之后，若无意外事件（如运行结果溢出等）发生，处理器就接着从程序计数器中取得下一条指令地址，开始新一轮循环。采用这种方式工作的处理器称为顺序处理器，如图 2.7 所示。其中，一个时钟周期完成一条指令处理的称为单周期处理器。在每个时钟周期都等长的情况下，由于每条指令的长度可能不一样，完成指令所需的时间也有差异，如果都必须在一个时钟周期内完成，则该时钟周期必然受限于最长指令，造成很大浪费。此时，可以考虑将一条指令划分到若干个时钟周期来实现，这种处理器称为多周期处理器。

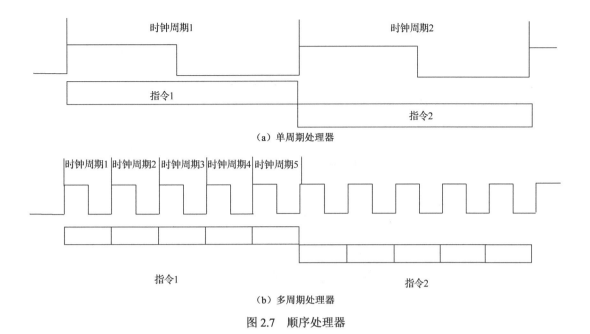

（a）单周期处理器

（b）多周期处理器

图 2.7 顺序处理器

图 2.8 所示为五阶段顺序处理器的指令流，包括 IF、ID、EXE、MEM、WB。处理器执行一条指令需要 5 个时钟周期。

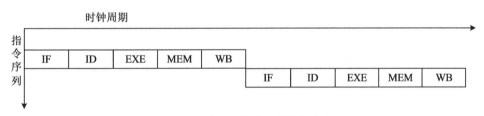

图 2.8 五阶段顺序处理器的指令流

2．流水线

在任一条指令的执行过程中，各个功能部件都会随着指令执行的进程而呈现出时忙时闲的现象。要想加快处理器的工作速度，就应使各个功能部件并行工作，即以各自可能的高速度同时且不停地工作，使得各功能部件的操作在时间上重叠进行，实现流水式作业。

流水线（Pipeline）由一系列串联的功能部件组成，对不同数据并行进行不同处理。功能部件之间设有缓存，其可以暂时保存上一个功能部件的任务处理结果，同时能够接受新的处理任务。在一个统一时钟的控制下，计算任务从一个功能部件流向下一个功能部件。

流水线的本质是将一个计算任务细分成若干个子任务，每个子任务都由专门的功能部件轮流进行处理，即各子任务在流水线的各个功能部件上并发执行，最终完成工作，因此不必等到上一个计算任务完成，就可以开始执行下一个计算任务。采用流水线后，就某一条指令而言，其执行速度并没有加快，但就程序执行过程的整体而言，其速度大大加快。流水线的微架构和流水线处理器的指令流分别如图 2.9（a）、图 2.9（b）所示。

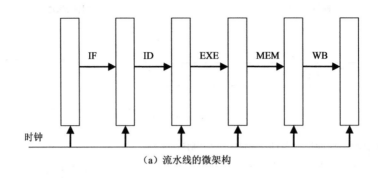

（a）流水线的微架构

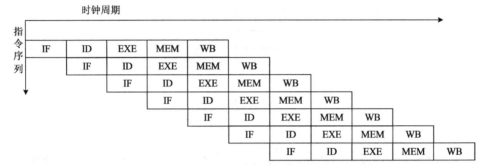

（b）流水线处理器的指令流

图 2.9 流水线

虽然指令流的每个阶段看似简单，但是在 EXE 这个关键阶段中通常需要制造多组不同的逻辑（多条路径），以便为处理器所需的不同操作设立不同功能的执行单元，如图 2.10 所示。

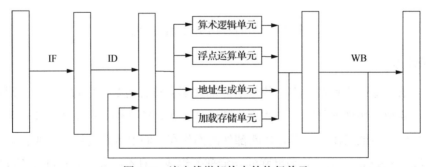

图 2.10 流水线微架构中的执行单元

假定处理器的每个时钟周期可以执行一条指令，如果不采用流水线技术，则执行 n 条指令需要花费 $4n$ 个时钟周期；在时钟频率不变的情况下，若采用流水线技术，则需要 $4+n-1$，即 $n+3$ 个时钟周期，因此处理器的速度提高了约 4 倍。由此可见，采用流水线技术之后，程序执行所需的时间会减少，大大提高了处理器的运行效率。

（1）超级流水线处理器。

由于时钟频率受限于流水线中耗时最长的阶段，如果可以进一步细分每个阶段，尤其是耗时最长的阶段，那么流水线将变成包含大量短小阶段的超级流水线，而处理器也可以运行在一个更高的时钟频率下。超级流水线也称为深流水线，超级流水线处理器的指令流如图 2.11 所示。

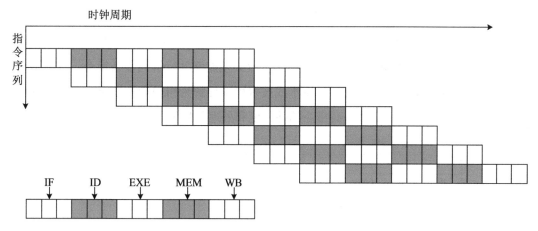

图 2.11　超级流水线处理器的指令流

流水线一般以五级为分界线，超过五级的流水线即为超级流水线。高性能处理器基本上都使用了超级流水线，如 ARM 公司的顺序处理器 Cortex-A53、Cortex-A55 都是八级流水线处理器，Intel 公司处理器的流水线可达二十级以上。

流水线变深后，每一级操作都得到了细化，因此逻辑功能路径变短，相应的时钟频率提高，但是对性能提升并不一定有效。例如分支预测失败后，超级流水线可能会带来更大的"惩罚"，数据相关性的指令太多可能带给流水线更多的气泡。超级流水线技术提高了指令并行性，但并不是并行处理，因为指令还是一条一条地执行，只是处理器各个功能部件的利用率变高了。

（2）标量流水线处理器。

一般处理器只有一条流水线，所以称为标量流水线处理器（Scalar Pipeline Processor）。由于上一条指令与下一条指令的 5 个阶段在时间上可以重叠执行，当流水线满载时，每个时钟周期都可以输出一个结果。例如，在图 2.12 中，仅用了 9 个时钟周期就完成了 5 条指令，每条指令平均用时 1.8 个时钟周期。

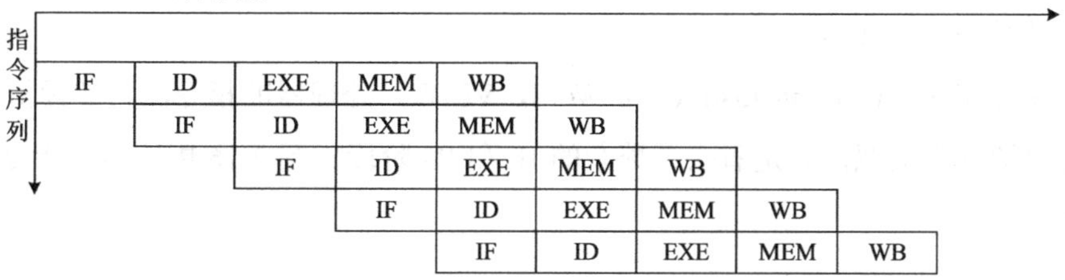

图 2.12　标量流水线处理器的指令流

标量流水线技术虽然并未缩短每条指令的执行时间，但处理器运行指令的总体速度却能成倍提高，其代价是需要增加部分硬件。

(3) 超标量流水线处理器。

超标量流水线处理器（Super Scalar Pipeline Processor）具有两条或两条以上流水线，其 EXE 阶段是一组不同功能的执行单元，多条指令在各自的功能单元中于同一时间并行执行，如图 2.13 所示。为了实现此目标，IF 和 ID 阶段必须能够并行解码多条指令，然后将它们分发到不同的执行单元中去。超标量流水线技术可以理解为用面积换性能，增加执行单元以获得指令的并行执行，从而提高指令的并行度和处理器性能。

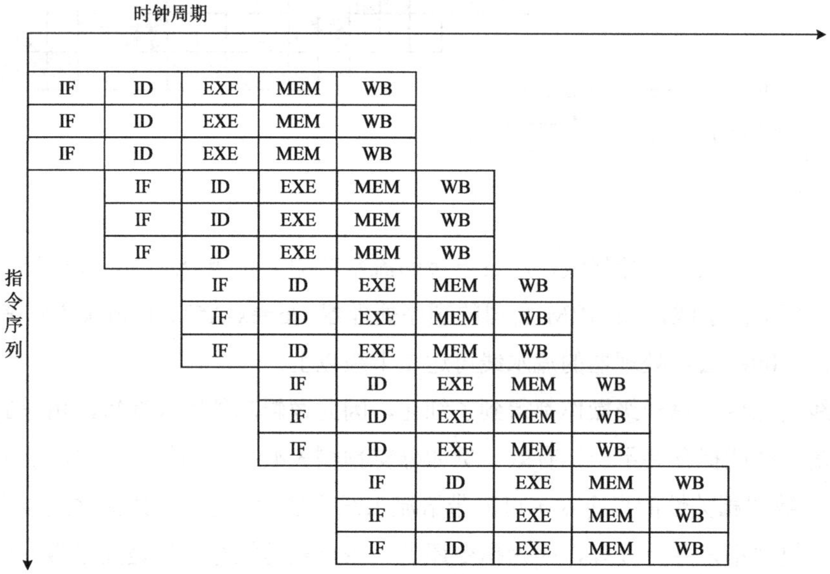

图 2.13 超标量流水线处理器的指令流

图 2.14 中，处理器可能在一个时钟周期内派发 4 条不同的指令，如 2 条整型指令、1 条浮点指令和 1 条存取指令，甚至可以添加更多执行单元，使处理器在每个时钟周期内可以执行多种指令组合。

随着超级流水线技术和多指令发射技术的发展，超级流水线和超标量流水线可以同时出现，如图 2.15 所示。

(4) 超长指令字处理器。

超长指令字（Very Long Instruction Word，VLIW）处理器的指令流与超标量流水线处理器的指令流非常类似，只是省去了繁杂的 IF 和 ID 阶段。图 2.16 中，每条指令利用了 3 个执行单元。

第 2 章 处理器子系统

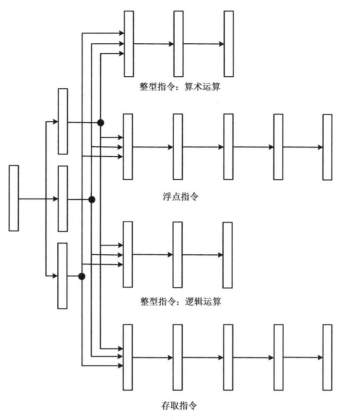

图 2.14 超标量微架构

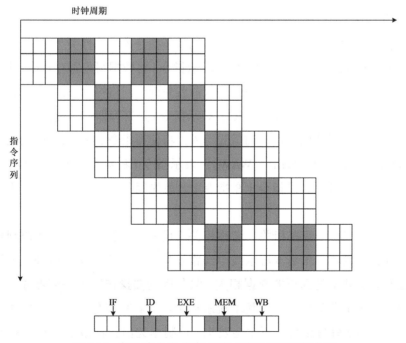

图 2.15 超级流水线-超标量流水线处理器的指令流

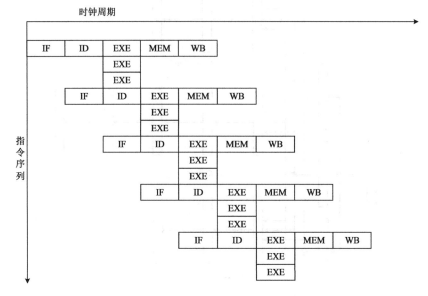

图 2.16 超长指令字处理器的指令流

2.1.2 流水线冲突

流水线的各条指令之间存在一定的相关性，致使指令执行受到影响。想要使流水线发挥高效率，就要使其连续不断地流动，尽量不出现断流情况。

1．指令相关性

假设指令 j 是在指令 i 后面执行的指令，则两条指令的相关性类型如下。

① 写后读（Read After Write，RAW）：表示指令 i 将数据写入寄存器后，指令 j 才能从该寄存器读取数据。如果指令 j 在指令 i 写入前就先读出，将得到不正确的数据。

② 读后写（Write After Read，WAR）：表示指令 i 从寄存器读出数据后，指令 j 才能写该寄存器。如果指令 j 在指令 i 读出前就先写入，将使得指令 i 读出的数据不正确。

③ 写后写（Write After Write，WAW）：表示指令 i 将数据写入寄存器后，指令 j 才能将数据写入该寄存器。如果指令 j 在指令 i 之前先写入，将使得该寄存器中的值不是最新值。

指令相关性有三种：数据相关、名称相关（反相关、输出相关）和控制相关。数据相关也叫作真数据相关，在基本流水线中经常发生，写后读便属于这种。名称相关是指两条指令之间其实并不是真正的数据相关，只是因为要操作同一寄存器才产生相关，写后写和读后写都属于名称相关。在基本流水线中，读后写和写后写不会发生，只有存在多个执行单元时，读后写和写后写才会发生。控制相关由转移指令引起。图 2.17 所示为指令相关性。

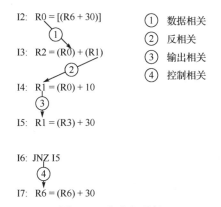

图 2.17 指令相关性

2．流水线冲突及解决方法

指令相关性将导致三种流水线冲突（Pipeline Hazard）：结构冲突（Structural Hazard）、数据冲突（Data Hazard）、控制冲突（Control Hazard）。

（1）结构冲突。

多条指令进入流水线后，在同一时钟周期内竞争同一执行单元而发生的冲突称为结构冲突。最典型的例子就是内存访问，由于采用冯·诺依曼结构的处理器的取指与加载/存储操作都使用公用总线接口访问同一存储器，因此前一条指令的数据存取操作可能会影响后续指令的取指操作。图 2.18 中，在第 1 条指令执行到 MEM 阶段时，流水线里的第 4 条指令正在执行取指操作，访存和取指都要进行内存数据的读取。由于在一个时钟周期内只能从内存读取一条数据，因此无法同时执行第 1 条指令的读取内存数据和第 4 条指令的取令代码。

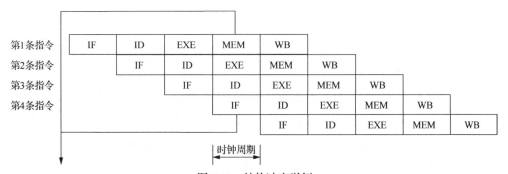

图 2.18 结构冲突举例

结构冲突的解决方法是增加资源，如采用哈佛结构增设一个存储器，将指令和数据分别存放在两个不同的存储器中。

（2）数据冲突。

流水线处理器中的指令处理是重叠进行的，即前一条指令尚未结束，后续指令就陆续开始执行。如果后续指令需要用到前面指令的执行结果，但彼时执行结果还未产生，便会发生数据冲突。

数据冲突的解决方法如下。

① 流水线停顿。

如果发现后续指令在执行阶段出现对前面指令的执行结果存在数据依赖关系的情况，那么最简单的方法就是等一等，即让整个流水线停顿一个或者多个时钟周期。例如，图 2.19 中第 4 条指令需得到第 2 条指令的执行结果后才执行，所以需要停顿。

第1条指令	IF	ID	EXE	MEM	WB					
第2条指令		IF	ID	EXE	MEM	WB				
第3条指令			IF	ID	EXE	MEM	WB			
第4条指令				IF	ID	Stall	EXE	MEM	WB	
第5条指令					IF	ID	Stall	Stall	EXE	MEM	WB
第6条指令						IF	ID	Stall	Stall	EXE	MEM	WB

图 2.19　流水线停顿

流水线停顿可以通过硬件阻塞后续指令的执行操作来实现，也可以由编译器在后面待执行的操作前插入一个什么也不干的空操作（NOP）来实现，如图 2.20 所示。这个插入操作就好像一条水管里面进了一个空的气泡，因此这样流水线停顿又被叫作流水线冒泡（Pipeline Bubble）。

第1条指令	IF	ID	EXE	MEM	WB					
第2条指令		IF	ID	EXE	MEM	WB				
第3条指令			IF	ID	EXE	MEM	WB			
第4条指令				IF	ID	NOP	EXE	MEM	WB	
第5条指令					IF	ID	NOP	NOP	EXE	MEM	WB
第6条指令						IF	ID	NOP	NOP	EXE	MEM	WB

图 2.20　流水线冒泡

流水线停顿是以牺牲处理器性能为代价的，会浪费多条指令的空间和时间。

② 转发或旁路技术。

转发或旁路技术是指当硬件检测到指令相关性时，将前一条指令 EXE 阶段的结果通过专用通道直接推送到下一条指令的 EXE 阶段，这样就不需要等到写回寄存器了，减少了一个流水线周期，同时减少了数据相关。此方式的效率较高，但需要额外的复杂控制逻辑。图 2.21 中，前一条指令的执行结果直接作为后一条指令的输入，不需要写回寄存器后再从中读出。

图 2.21　转发或旁路技术

③ 在相关指令之间插入无关指令。

编译器对前后指令进行检查，在两条相关指令之间插入其他不相关指令，从而推迟后面相关指令的执行，使数据相关消失。此方式简单，但降低了处理器的运行效率。图 2.22 中，第 3 条指令没有数据依赖，在第 2 条指令等待第 1 条指令的 MEM 和 WB 阶段执行完毕的时候，第 3 条指令已经执行完成，这样的解决方案是乱序执行（Out-of-Order Execution，OoOE 或 OOE）。

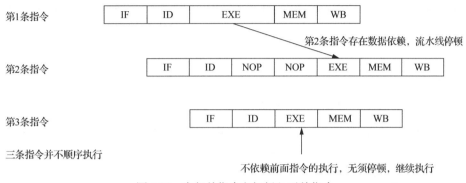

图 2.22　在相关指令之间插入无关指令

④ 寄存器重命名方法。

软件中可通过指令直接对其进行操作，由处理器指令系统定义的寄存器称为体系结构寄存器。这些体系结构寄存器为程序员可见，其地址直接编码在指令中，一条指令可同时访问多个寄存器，以获得指令的源操作数和目标操作数。例如，MIPS 指令系统所定义的体系结构寄存器中包括 32 个定点寄存器、32 个浮点寄存器及若干控制寄存器。体系结构寄存器可在一个时钟周期内完成数据存取，是软件可访问的存储器中速度最快的一种。通过体系结构寄存器来暂存中间数据，指令序列可无须访问内存，并通过流水线技术实现更高的执行效率。

寄存器重命名（Register Renaming）的思路很简单，就是当一条指令写一个目的寄存器（体系结构寄存器）时不直接将数据写入其中，而是先写入一个中间寄存器（物理寄存器）过渡一下，当该指令提交时再写到目的寄存器中。寄存器重命名技术在乱序执行流水线中有两个作用：一是消除指令之间的寄存器读后写相关和写后写相关；二是当指令执行发生意外或因转移指令猜测错误而取消后面的指令时，可以保证现场的精确。寄存器重命名有两种方法：软件重命名和硬件重命名。

图 2.23（a）中，关于 R3 存在读后写相关，第 2 条指令在 WB 阶段时检测到第 1 条指令需要读取 R3 旧值，所以第 2 条指令会卡在 WB 阶段，直到第 1 条指令读取完 R3 并且通知自己为止。如果把第 2 条指令的 R3 改写成 R10，冲突就解决了，第 1 条指令可以去读取 R3，第 2 条指令的更新结果存在于 R10，不会覆盖 R3 的旧值。图 2.23（b）中，关于 R3 存在写后写相关，两条指令同时写一个寄存器 R3，由于处理器需要的只不过是两条指令的计

算结果,甚至其实并不需要第 1 条指令的结果而只需要第 2 条指令的结果,所以结果计算出来后放在哪里并不重要,只要还能找到即可,因此可以改写目的寄存器,直接把结果写回。

	Rename: R3→R10		Rename: R3→R10

WAR	ADD R1, R3, R2	WAW
		ADD R3, R1, R2
		ADD R5, R3, R4
			ADD R3, R1, R2
			ADD R5, R3, R4

ADD R1, R3, R2 ADD R3, R5, R4	ADD R10, R5, R4	ADD R3, R6, R7 ADD R9, R3, R8	ADD R10, R6, R7 ADD R9, R10, R8
(a) 读后写		(b) 写后写	

图 2.23 寄存器重命名

(3) 控制冲突。

控制冲突由转移指令引起。当决策依赖于一条正在执行的指令的结果时,可能顺序读取下一条指令,也可能转移到新的目标地址取指。由于条件判断语句在分支指令被解析前无法得知指令是否需要执行,所以会影响流水线的吞吐量。控制冲突也称为分支冲突(Branch Hazard)或转移冲突。

控制冲突的解决方法如下。

① 流水线阻塞。

利用硬件或软件阻塞分支指令的后续指令的执行。图 2.24 中,如果第 2 条指令是跳转指令,则将顺序取指的第 3 条指令丢弃,等该跳转指令的执行结果出来后,按照其目标地址重新取指。

指令	拍							
	1	2	3	4	5	6	7	8
顺序型 I1: CMP R, R2	IF	ID	EXE	MEM	WB			
转移型 I2: JNZ TEST		IF	ID	EXE	MEM	WB		→ PC ← 地址x
XX型 Ix: ???			IF				IF	→ 读PC(新)

图 2.24 流水线阻塞

② 延迟分支。

延迟分支(Delayed Branch)是指通过编译程序优化指令顺序,将转移指令前面与其无关的指令调到后面执行,也称延迟转移。由图 2.25 可以看出,采用延迟分支方法后,转移指令 I6 之前与其无关的指令或空指令被调整到 I6 之后执行了。

③ 分支预测。

分支预测(Branch Prediction)是指对程序的流程进行预测,然后读取其中一个分支的指令,有静态预测(Static Predictor)和动态预测(Dynamic Predictor)两种方法。分支预测错误并不会导致结果错误，只会导致流水线停顿，如果能保持较高的预测准确率，分支预测就能提高流水线性能。

顺序指令 I1 ~ I5	顺序指令 I1 ~ I5中与I6相关的指令
转移指令 I6	转移指令 I6
顺序指令 I7 ~ I9	延迟槽（I1 ~ I5中与I6无关的指令或空指令）
	顺序指令 I7 ~ I9
（a）不采用延迟分支方法	（b）采用延迟分支方法

图 2.25　延迟分支

静态预测方法比较简单，如预测永远不转移、预测永远转移、预测后向转移等。其较多使用"先执行再转移"策略，即发生转移时并不排空指令流水线，而是继续完成后续几条指令。如果这些后续指令是与该转移指令的结果无关的有用指令，那么延迟损失时间便正好得到了有效利用，此方法也称为延迟转移法。静态预测中，处理器做出的预测与运行时的状态和历史信息无关，对跳转的优化由编译器完成。该方法不需要太多硬件资源，但是会提高编译器的复杂度。

动态预测方法利用最近发生转移的情况来预测下一次可能发生的转移，预测后再根据实际情况进行调整。如果能在前面指令的结果出来之前就预测到分支是否转移，那么就可以提前执行相应指令，避免流水线的空闲等待，也相应提高了处理器的运行速度。但一旦前面指令的结果证明分支预测错误，那么就必须全部清除已经装入流水线执行的指令和结果，然后装入正确的指令重新处理，这样比不进行分支预测，等待结果出来后再执行新指令还要慢。动态预测也称为转移预测，由于用硬件方法来实现，因此会增加硬件的复杂度，但是对编译器的要求不会太高。

☺ **顺序执行**

顺序执行（In-Order Execution）就是按照程序计数器取指的顺序一条一条地执行，遇到数据相关时就停下等待。其优势在于硬件开销小、功耗比较低，适用于控制或完成简单运算。一般在嵌入式应用产品中使用顺序执行的架构，如低功耗处理器 ARM Cortex-M 系列都是顺序执行的。

顺序执行的指令在 WB 阶段写寄存器，后续指令也是在 WB 阶段写寄存器，所以不存在写后写相关。读寄存器在 ID 阶段进行，写寄存器则在 WB 阶段进行，所以不存在读后写相关。但是存在写后读相关，因为读数据是执行完写寄存器操作后去执行，所以必须等待数据写回。写后读相关引起的冲突无可避免，只能通过数据旁路去优化，以减少冲突带来的气泡。

☺ **乱序执行**

访存、浮点运算等指令的执行时间长，如果两条相邻指令之间存在相关性，流水线可能会发生停顿,也就是说,如果有一条指令在流水线中停顿了,则其后的指令就都不能向前流动,有可能致使多个执行单元被闲置。为了减少指令相关性对执行速度的影响,可以在保证程序正确性的前提下调整指令的顺序,即进行指令调度,引入乱序执行。乱序执行是指不必等前面的指令执行完就开始执行后续指令,因为打破了原有规则,三种数据相关都存在,处理器常用硬件方式来实现动态指令调度。

乱序执行的优势在于运算速度快,适用于较大的操作系统或复杂运算,面向高性能的场景,如手机、计算机、服务器等一般会采用乱序执行。不过,手机等利用大小核的芯片既会采用乱序执行,又会采用顺序执行。

2.2 缓存

缓存是位于处理器与内存之间的临时数据交换器,以解决处理器运行速度与内存读/写速度之间的不匹配,通常采用存取速度快的静态存储器来实现。根据程序访问的时空局部性,经常访问的代码和数据保存在缓存中,不经常访问的代码和数据则保存在大容量的相对低速的存储介质(如 DRAM、闪存等)中,在保证系统性能的前提下降低存储子系统的实现代价。

当处理器访问内存时,给出的地址被同时送往缓存。首先检查缓存,如果要访问的数据已经在缓存中,则处理器很快完成访问,称为缓存命中(Cache Hit);否则,处理器就必须访问内存以获取数据,称为缓存未命中(Cache Miss)或缓存缺失。如果缓存组织得好,那么程序所用数据大多可从中找到。缓存最重要的技术指标是命中率(Hit Ratio),其与缓存结构(Cache Structure)、容量大小、控制算法及运行程序等有关,通常可达 90%以上。

2.2.1 缓存结构

内存被分割成大小相同的块(Block),每个块对应于缓存中的一个缓存行(Cache Line)。缓存与处理器内核、内存的数据交换如图 2.26 所示。其中,缓存与内存之间的数据交换以块(缓存行)为单位,假设块大小为 32B,那么就必须一次性交换 32B 的数据;缓存与处理器内核之间的数据交换以字为单位。

图 2.26 缓存与处理器内核、内存的数据交换

缓存由组（Set）组成，每组可以由单行（One-Way，单路）或多行（Multi-Way，多路）组成，如图 2.27 所示。简化的缓存可以由单组多行或多组单行组成。

当缓存行从内存被复制到缓存时，缓存条目（Cache Entry）被创建，该条目由标记位（Tag）、标志位和数据块（Cache Data Block、Cache Line/Block 或 Data Block）组成。内存单元的数据被复制到缓存行的数据部分，称为数据块，地址经过某种函数关系处理后被写进标记位。此外，还有记录该缓存行的标志位，其中有效位（Valid Bit）用于判断该缓存行是否有效，脏位（Dirty Bit）用于判断缓存数据是否与内存相同。计算缓存行的大小时一般只计算数据块的总和，标记位和标志位并不在其中。

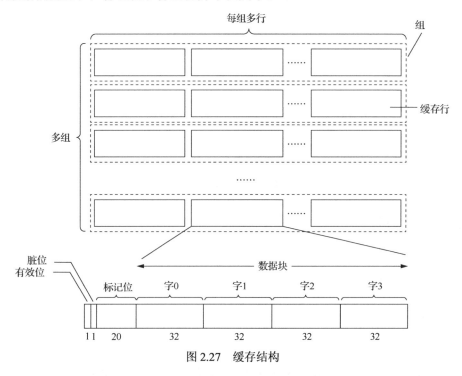

图 2.27　缓存结构

缓存控制器控制整个缓存的操作，由内存地址寄存器、缓存地址寄存器、内存-缓存地址变换部件及缓存替换控制部件组成，如图 2.28 所示。其中，内存地址寄存器用于存储内存的页号、块号、字号、块内地址等信息，具体包括哪些信息取决于所采用的地址映射方式；缓存地址寄存器用于存储所要映射的缓存的页号、块号、字号、块内地址等信息，具体包括哪些信息取决于所采用的地址映射方式；内存-缓存地址变换部件通过建立目录表来实现内存地址到缓存地址的转换；缓存替换控制部件用于在缓存已满时按一定策略进行数据块替换，并修改内存-缓存地址变换部件。

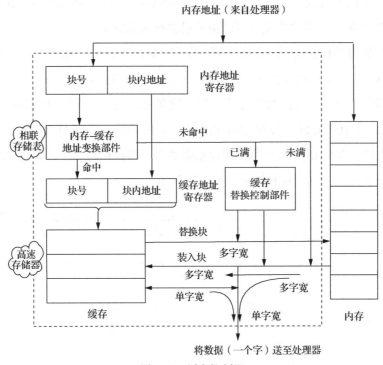

图 2.28 缓存控制器

2.2.2 缓存寻址

对缓存的主要操作是数据查找和数据存储。其中，数据查找的目的是判断给定地址对应的数据是否在缓存中，数据存储的目的是将从内存中读取的数据存放到缓存中。

1．数据查找

数据查找是为了判断一个数据是否在缓存中。处理器给出内存地址，以该地址为关键字来查找相联存储器（Associative Storage），若缓存命中，则表明数据在缓存中。

相联存储器又称关联存储器，是一种不根据地址，反而根据存储内容来进行存取的存储器，可以实现快速查找，因此也称为按内容寻址存储器（Content-Addressable Storage）。

2．地址映射

如果要访问的数据在缓存中，就需要知道数据存放在什么地方。通过地址映射实现某一数据在内存中的地址与在缓存中的地址之间的对应。内存与缓存的地址映射方式有三种：全相联映射（Fully Associative Mapping）、直接映射（Direct Mapping）和组相联映射（Set-Associative Mapping）。全相联映射更适合小容量缓存，直接映射适合大容量缓存，容量不大不小的缓存更适合采用组相联映射。

（1）全相联映射。

缓存只有一个组，组内有多个缓存块，内存中的任一块映射到缓存中的任一缓存块称为全相联映射。全相联映射如图 2.29 所示。

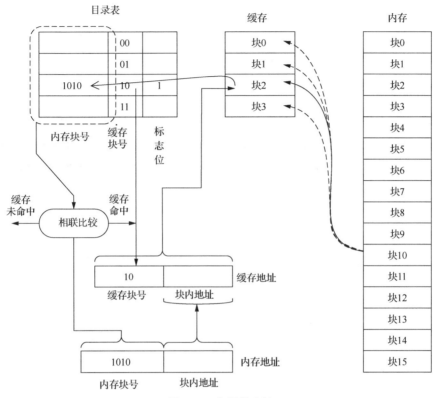

图 2.29　全相联映射

全相联映射的内存地址分为 2 部分：内存块号（标记部分）和块内地址；缓存地址分为 2 部分：缓存块号和块内地址。目录表行数与缓存块数相同，每一行存放着一个内存块号、一个对应的缓存块号，以及一些标志位（包括有效位等）。目录表与缓存数据分开存放。

根据内存地址中的内存块号在目录表中并行查找是否存在该块，若存在，则根据表中该行对应的缓存块号直接访问缓存中的相应缓存块，然后根据块内地址选择输出的字；若不存在，则从内存中载入相应地址的块到一个空的缓存块中，然后输出。

假设某芯片的内存容量为 1MB，缓存的容量为 32KB，每块大小为 16B。则内存地址、缓存地址、目录表的格式如图 2.30 所示。

目录表行数与缓存块数量相同，为 2048（32KB/16B=2048）。

全相联映射是完全随意的对应，其优点是命中率比较高，缓存存储空间的利用率高；缺点是访问相关存储器时，每次都要与全部内容进行比较，速度低、成本高。因此，全相联映射通常较少应用。

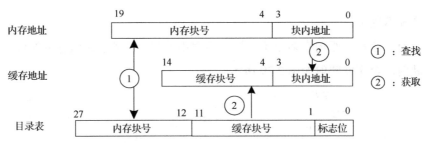

图 2.30　内存地址、缓存地址、目录表的格式（1）

（2）直接映射。

缓存分为很多组，每个组只有单个缓存块。将内存空间按照缓存的大小划分为若干区（页），区内再分块，块数与缓存的总块数（总组数）相等。当内存数据被调入缓存时，内存块号与缓存块号应相等。也就是说，内存各区中的某一块只能存入缓存中拥有相同块号的缓存块。直接映射如图 2.31 所示。

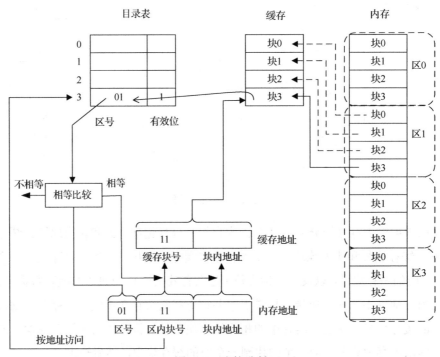

图 2.31　直接映射

直接映射的内存地址分为 3 部分：区号、区内块号和块内地址；缓存地址分为 2 部分：缓存块号和块内地址。由于缓存块可能是内存中多个不同区内拥有相同块号的块的映射，因此需要对每个缓存块设置标记位以确认对应的区，该标记位就是数据所在的区号。直接相联不需要相联存储器，缓存块的标记位等与数据存放在同一行。

根据内存地址中的区内块号选择对应编号的缓存块，若内存地址中的区号与该缓存块的标记位相匹配且有效位为 1，则缓存命中，根据块内地址来选择块中数据；若缓存未命中或有效位为 0，则先从内存中将相应地址的内容调入缓存，再由缓存传输给处理器。

假设某芯片的内存容量为 1MB，缓存容量为 32KB，每块大小为 16B，按字访问，则内存地址、缓存地址的格式如图 2.32 所示。

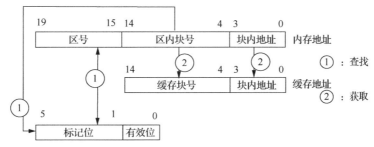

图 2.32　内存地址、缓存地址的格式

内存分区数为 32（1MB/32KB=32），缓存块数为 2048（32KB/16B=2048）。

直接映射是一对多的硬性对应，其优点是地址映射方式简单，可以得到比较快的访问速度，硬件设备也简单；缺点是命中率较低，因为内存中的块只能对应一个缓存块，可能一个块刚被调入缓存块，就被另一个块覆盖了。

（3）组相联映射。

将缓存划分成大小相等的组，每个组内有多个缓存块。将内存空间按照缓存的组数分区，每区的块号对应缓存中的组号。当内存中的块被调入缓存时，其存入缓存的哪个组是固定的（类比直接映射），存入该组哪一块则是灵活的（类比全相联映射）。组相联映射如图 2.33 所示。

内存地址分为 4 部分：内存区号、内存区内组号、内存组内块号和内存块内地址；缓存地址分为 3 部分：缓存组号、缓存组内块号和缓存块内地址。由于缓存分组，其组内某块数据可能来源于内存中某区某组的对应块。目录表中每个条目对应于一个缓存组，其内容包括该组所有块的标记位（内存区号）、内存地址中内存组内块号、缓存地址中缓存组内块号。

首先，根据内存地址中的内存区内组号在目录表中确定所要查找的缓存组；然后，利用内存地址的内存区号与该缓存组中所有块的标记位进行匹配，以确认是否含有该区号。若有且有效位为 1，则缓存命中，根据内存地址中的内存组内块号找到对应缓存地址中的缓存组内块号，再结合缓存块内地址选择块中数据；若缓存未命中或有效位为 0，则需要访问内存。

在多路组相联映射中，每组内的块数即路（Way）数。缓存组数与每个缓存块大小和路数有关，其计算方式为

$$缓存组数 = \frac{缓存容量}{路数 \times 缓存块大小}$$

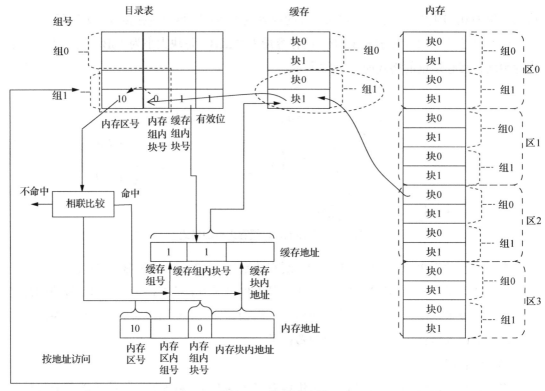

图 2.33 组相联映射

假设某芯片的内存容量为 1MB，每块大小为 32B；缓存容量为 32KB，每块大小也为 32B，采用 4 路组相联映射方式，按字节访存。则内存地址、缓存地址和目录表的格式如图 2.34 所示。

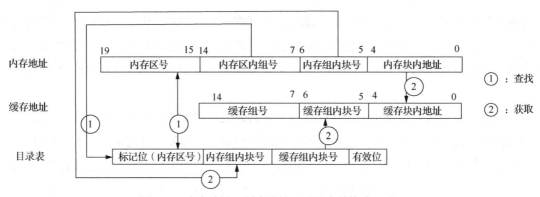

图 2.34 内存地址、缓存地址、目录表的格式（2）

每组缓存有 4 路，大小为 128B（32B×4=128B），整个缓存共分为 256 组（32KB/128B=256），因此缓存地址为 8 位缓存组号+2 位缓存组内块号+5 位缓存块内地址。内存每个区内分为 256 组，与缓存组数相同；每组内含 4 个数据块，容量为 128B（32B×4=128B），分区数为 32（1MB/128B×256=32），因此内存地址为 5 位内存区号+8 位内存区内组号 +2

位内存组内块号+5位内存块内地址。

多路组相联映射是多对多有限随意对应，其映射机制结合了直接映射和全相联映射的特点，是一个折中的方案。相比直接映射，其命中率较高，但是硬件成本相对较高；相比全相联映射，其命中率较低，但硬件成本也相对较低。

2.2.3 缓存策略

如何保证缓存数据与内存数据的一致性，以及当缓存填满以后如何处理都是缓存策略（Cache Policy）要讨论的问题。对处理器而言，缓存是一个透明部件，程序员通常无法直接干预缓存操作，但是可以根据缓存策略对程序代码实施特定优化，从而更好地利用缓存。

1. 缓存读取策略

当处理器需要数据时，如何发出数据请求？

（1）贯穿读出。

贯穿读出（Look Through）是指处理器对内存的所有数据请求都先送至缓存，由缓存在其中查找。若缓存命中，则切断处理器对内存的请求，并将数据送出；若缓存未命中，则将处理器的数据请求传给内存。

贯穿读出的优点是减少了处理器对内存的请求次数，缺点是延迟了处理器对内存的访问时间。

（2）旁路读出。

旁路读出（Look Aside）是指处理器同时向缓存和内存发出数据请求，由于缓存速度更快，如果缓存命中，则缓存在将数据回送给处理器的同时，还来得及中断处理器对内存的请求；如果缓存未命中，则缓存不做任何动作，由处理器直接访问内存。

旁路读出的优点是没有时间延迟，缺点是每次处理器都存在内存访问，占用了一部分总线时间。

2. 缓存更新策略

当发生缓存命中时，写操作如何更新数据并保持缓存数据与内存数据的一致性？

（1）写回。

在图2.35中，处理器只更新缓存中的数据，并使用脏（Dirty）标志位来记录缓存块的修改，直到被修改的缓存块要被替换时，才将修改的内容写回内存。因此，内存中的数据可能是未修改的数据，而修改的数据还在缓存中，导致缓存数据与内存数据不一致。

写回的优点是节省了大量的写操作，有利于提高处理器的运行效率，同时内存带宽的节省进一步降低了能耗，非常适用于嵌入式系统；缺点是缓存数据与内存数据有可能不一致，控制也比较复杂。

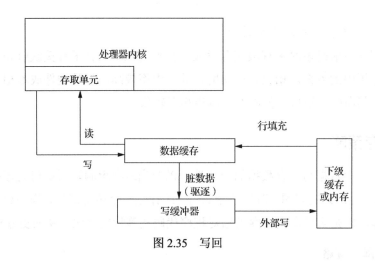

图 2.35　写回

（2）写通。

在图 2.36 中，处理器同时更新缓存和内存，因此缓存数据与内存数据始终保持一致。

写通易于实现，并且能更简单地保持数据的一致性。由于会引发大量写内存操作，因此有必要设置一个写缓冲器来减少硬件冲突，其通常不超过 4 个缓存块大小。类似地，写缓冲器也可以用于写回型缓存。

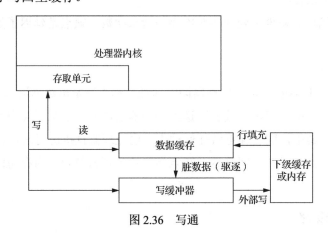

图 2.36　写通

3. 缓存分配策略

当发生缓存缺失时，如何为数据分配缓存行？

（1）读分配。

当处理器读数据发生缓存缺失（读缺失，Read Miss）时，如果采用读穿（Read Through）策略，则直接从内存读取数据送至处理器，不经过缓存；如果使用无读穿（No Read Through）策略，则将含有此数据的整个数据块从内存读出送到缓存中，再将相关数据从缓存送至处理器。

（2）写分配。

当处理器写数据发生缓存缺失（写缺失，Write Miss）时，如果采用无写分配（No Write

Allocate）策略，待写内容将直接写回内存；如果采用写分配（Write Allocation）策略，则先从内存中加载数据块到缓存，再更新缓存中的数据。

无论是写通还是写回，都可以使用写缺失的两种缓存分配策略。只是通常写回配合写分配，写通配合无写分配，这是因为多次写入同一缓存时，写分配和写回的组合可以提升处理器性能，写分配和写通的组合对提升处理器性能没有帮助。写策略组合如表 2.1 所示。

表 2.1　写策略组合

写命中策略	写缺失策略
写通	写分配
写通	无写分配
写回	写分配
写回	无写分配

4．替换算法

当从内存向缓存传送一个新块，但缓存中可用位置已被占满时，就会产生缓存替换问题。常用的替换算法有以下几种。

（1）随机替换。

最简单的替换算法是随机替换（Random Replacement），即完全不管缓存块的使用情况，只是简单随机选择被替换的缓存块。该算法的优点是在硬件上容易实现且速度比较快；缺点是降低了命中率和缓存的工作效率。

（2）FIFO 算法。

FIFO 是指总是将最先调入缓存的内容替换出来，不需要随时记录各缓存块的使用情况。FIFO 算法的优点是容易实现、电路简单；缺点是可能会将一些经常使用的程序（如循环程序）替换出去。

（3）最不经常使用算法。

最不经常使用算法是指将一段时间内被访问次数最少的缓存块替换出去。为每个缓存块设置一个计数器，当需要替换缓存块时，将计数值最小的缓存块替换出去。此算法将计数窗口限定在两次替换之间，不能严格反映近期的访问情况，新调入的缓存块很容易被替换出去。

（4）LRU 算法。

LRU 算法是指将近期最少使用的缓存块替换出去。此算法需要随时记录各缓存块的使用情况，以便确定哪个缓存块是近期最少使用的缓存块。LRU 算法的优点是相对合理，保护了刚调入缓存的新数据块，具有较高的命中率；缺点是实现起来比较复杂，系统开销较大。

2.2.4 缓存操作

（1）缓存查找过程。

当缓存控制器接收到处理器送来的内存地址后，需要根据索引寻找缓存块，若找到且有效位为 1，则表示缓存块已经与内存中的某个块建立了对应关系（缓存命中）；若未找到或有效位为 0，就从内存中读入新的块以替代旧的块，将数据送往处理器，同时将有效位置 1。

（2）缓存读操作。

图 2.37 所示为缓存读操作。当处理器试图读取内存中的某个数据时，将该数据所在的内存地址发送到缓存或同时发送到缓存和内存，由缓存控制器依据内存地址的标记部分来判断此数据当前是否在缓存中。

① 若在（缓存，命中），立即将此数据传送至处理器。

② 若不在（缓存，未命中），则有两种策略。若使用读穿策略，则从内存中将数据读出并直接送至处理器；若使用无读穿策略，则将含有此数据的整个数据块从内存中读出送至缓存，再将相关数据从缓存送至处理器。

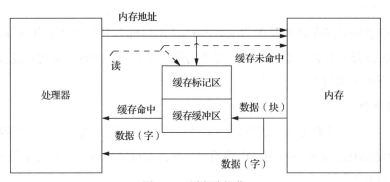

图 2.37 缓存读操作

（3）缓存写操作。

图 2.38 所示为缓存写操作。当处理器试图更新内存中的某个数据时，将该数据所在的内存地址发送到缓存，由缓存控制器依据地址的标记部分来判断此数据当前是否在缓存中。

① 若在（缓存，命中），有两种写入策略。若使用写通策略，则将数据同时写入缓存和内存；若使用写回策略，则只将数据写入缓存，仅当此数据被替换出缓存时，才将其写入内存。

② 若不在（缓存，未命中），也有两种写入策略。若使用写分配策略，则将内存中的数据读入缓存，然后采用缓存命中时的写入操作；若使用无写分配策略，则不将内存中的数据读入缓存，而是直接写入内存。

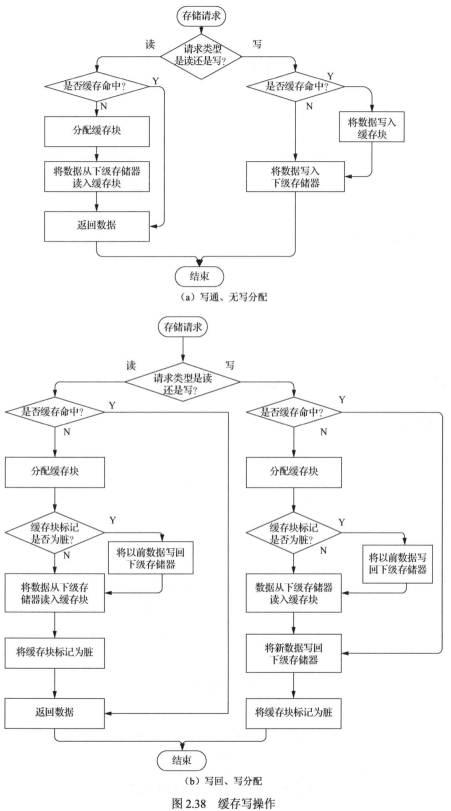

(a) 写通、无写分配

(b) 写回、写分配

图 2.38　缓存写操作

（4）缓存维护。

这里所说的缓存维护是指手工维护，即软件干预缓存行为。

ARMv8 中定义了缓存维护的几种基本操作。

① 无效。

无效（Invalidate）是指丢弃整个缓存或某个缓存块的数据。对处理器而言，只要无效化相应缓存块的有效位即可，也称为清除（Flush）操作。

② 清理。

清理（Clean）是指将脏的（被改写过的）整个缓存或某个缓存块的全部数据写回下一级缓存或者内存。对处理器而言，只需将相应的缓存块的脏位清零即可。清理可以重建缓存数据与内存数据之间的一致性，适用于使用写回策略的数据缓存。

③ 清零。

在某些情况下，对缓存进行清零（Zero）操作将起到预取和加速的作用。例如，当程序需要使用一大块临时内存时，可以在初始化阶段对此内存进行清零操作，即缓存控制器会主动将零数据写入缓存块。

改变系统的存储器配置可能要进行无效和清理操作，访问权限、缓存策略的变化或重新映射虚拟地址等操作都需要进行无效或清理操作。

2.2.5 缓存层级

现代处理器为了提高运行效率，减少与内存的交互，一般会集成多级缓存。图 2.39 所示为英特尔处理器核 Intel Core i7，其具有三级缓存结构。

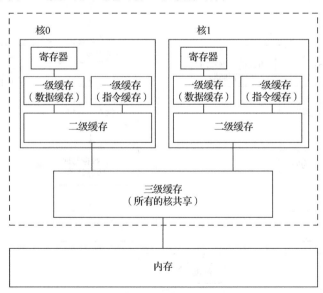

图 2.39　英特尔处理器核 Intel Core i7

一级缓存（L1 Cache）最接近处理器内核，存储容量最小，但速度最快，可分为数据缓存和指令缓存。其中，数据缓存用于加速数据的读取和存储；指令缓存用于加速指令的读取。一级缓存的存储容量和结构对处理器性能的影响较大，通常存储容量为 32～64KB。

二级缓存（L2 Cache）是处理器第二层缓存，协调一级缓存与三级缓存或内存之间的速度。比之一级缓存，二级缓存的速度更慢，存储容量更大，一般达 512KB，甚至更高。

三级缓存（L3 Cache）分为两种，早期为外置，现在通常为内置。三级缓存的使用可以进一步降低内存延迟，同时提高处理器大数据量计算的性能。

（1）缓存的访问延时。

当处理器运行时，首先在一级缓存中寻找所需要的数据，然后在二级缓存中寻找，最后在三级缓存中寻找。如果在三个缓存中都没有找到所需数据，则从内存中获取数据。寻找的路径越长，则耗时越长，所以最好将频繁使用的数据存储于一级缓存。表 2.2 所示为处理器内核到各级缓存和内存所需的处理器周期，即从加载指令开始执行到可以使用结果所需要等待的处理器内核时钟周期。

表 2.2　处理器内核到各级缓存和内存所需的处理器周期

缓存/内存	所需的处理器周期
寄存器	1 个处理器周期
一级缓存	约 3～4 个处理器周期
二级缓存	约 10～20 个处理器周期
三级缓存	约 40～45 个处理器周期
内存	约 120～240 个处理器周期

（2）多级缓存的包含策略。

如果外层缓存包含内层缓存的内容，则称外层缓存为"包含的（Inclusive）"，反之则称其为"排他的（Exclusive）"。包含性和排他性需要特殊协议才能实现，当无法保证时，称为"不包含又不排他（Non-Inclusive Non-Exclusive，NINE）"。

在包含策略下，当处理器某一级缓存缺失时，只需要查看共享的外层缓存中有没有所需数据即可，不需要查看其他处理器的缓存，这样有利于实现高速缓存一致性（Cache Coherence），也能有效降低缓存缺失时的总线负载和损失，但是整体缓存的存储内容变少了。在排他策略下，可以最大限度地存储不同的数据块，但需要频繁填充新的数据块，消耗更多的内、外层缓存之间的带宽，并且检查所有内层缓存中是否有要访问的数据块将增加对缓存控制器和内层缓存标签阵列（标记位和标志位）的占用。

所以，缓存缺失时，采用包含策略的访问延时较短，采用排他和 NINE 策略的访问延时较长。

2.3 处理器系统

单处理器系统由一个处理器、一个或多个存储器,以及其他模块构成,处理器通过总线对它们进行读/写操作,如图 2.40 所示。

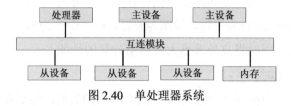

图 2.40 单处理器系统

2.3.1 处理器存储空间映射

每个独立的物理存储器都占有一段内存地址空间,处理器通过内存地址空间访问对应的物理存储器。内存地址空间的大小受处理器地址总线宽度的限制,如果处理器地址总线的宽度为 32 位,那么可以寻址的最大内存地址空间为 4GB。因此程序存储器、数据存储器、外设寄存器和 I/O 端口都处于同一个线性的 4GB 内存地址空间之内。

处理器通过多条通信总线访问外部地址空间。通过不同的地址总线可以访问不同的地址空间或者公共的地址空间。

地址总线具有不同的权限,通过不同的地址总线可以访问不同权限的地址空间。例如,某些地址空间可能只能进行读操作,而其他地址空间允许进行读写操作。

如图 2.41 所示,ARM Cortex-M3/M4 处理器采用哈佛结构,具有 4 条总线:相互独立的指令总线(I-Code)和数据总线(D-Code)可以分别取指和加载/存储数据;系统总线(AHB)用于访问内存和外设;私有外设总线(APB/PPB)负责一部分私有外设的访问,主要包括调试组件。

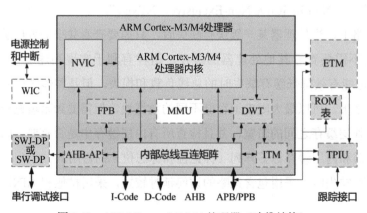

图 2.41 ARM Cortex-M3/M4 处理器(哈佛结构)

图 2.42 所示的处理器采用冯·诺依曼结构，具有 4 条总线。其中，3 条总线分别是存储总线、系统总线和外设总线，用于访问存储器和外设空间，存储总线的访问空间是可缓存的指令或数据区域，其他总线的访问空间则不是；另有 1 条从设备总线（AHB），外部主设备可以借此访问处理器内部。

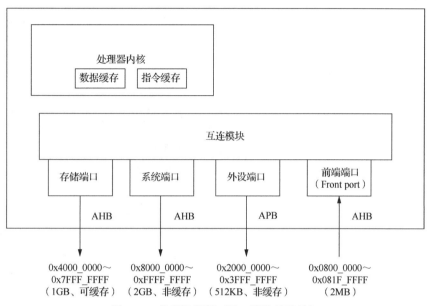

图 2.42　处理器举例（冯·诺依曼结构）

2.3.2　系统存储空间映射与重映射

（1）存储器映射。

存储器本身并没有地址信息，其地址是由芯片厂商分配的，一般不可修改。处理器对芯片中或芯片外包括闪存、RAM、外设等在内的物理存储器按一定的编码规则进行统一编址的行为，称为存储器（地址）映射。

完成存储器映射后，处理器和其他主设备就可以按照存储器地址访问对应的物理存储器了。例如，在图 2.43 中，如果要访问 SRAM，只需要访问 0x2000_0000～0x2001_FFFF 即可。

在分配从设备的地址时，应注意从设备的地址不能重叠且需要整块分配。假设使用 AXI 总线，从设备 1 的地址范围（Address Range）是 4KB，地址偏移（Address Offset）是 0x4000_0000，则为其分配的地址为 0x4000_0000～0x4000_0FFF。从设备 2 的地址范围是 2GB，如果直接接在从设备 1 的地址之后，从 0x4000_1000 开始分配，最多只能分配到 0x4000_1FFF，即最多分配 4KB，因此当需要分配 2GB 地址范围时，应将地址偏移设为 2GB 的边界，即地址偏移+地址范围=FFFFFFFF，此时地址偏移应该为 0x8000_0000。

互连模块负责所连接的从设备的基地址译码，输出地址则为从设备的偏移地址，如图 2.44 所示。

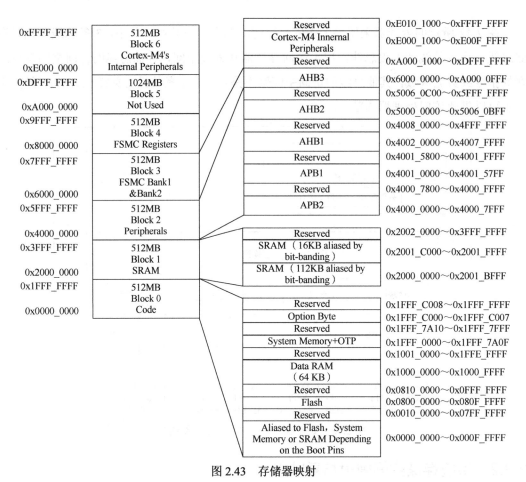

图 2.43 存储器映射

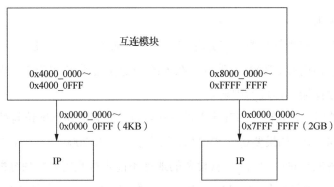

图 2.44 从设备的选通和偏移地址

（2）内存地址空间访问。

内存地址空间可配置为缓存区地址空间（Cacheable Address Space）和非缓存区地址空间（Non-Cacheable Address Space），需要维护内存缓存区与处理器缓存之间的数据一致性。在不同的工作场景下，同一内存地址空间也可以在缓存区地址空间与非缓存区地址空间之间交替。图 2.45（a）中，内存分配在非缓存区地址空间，但处理器希望将其中一部分设置为缓存区，因此需要将发出的缓存区地址通过地址转换重新映射到内存的非缓存区。图 2.45（b）则相反，内存分配在缓存区地址空间，但处理器希望将其中一部分设置为非缓存区，因此需要将发出的非缓存区地址通过地址转换重新映射到内存的缓存区。此外，有些处理器核也可直接在 MMU（Memory Management Unit，内存管理单元）中通过配置来改变内存地址空间的缓存属性。

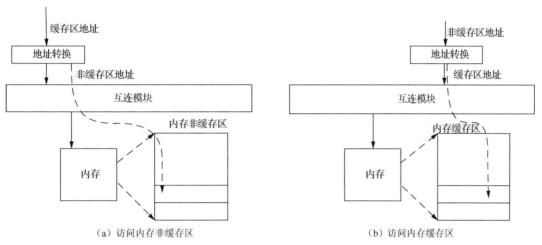

图 2.45 内存地址空间访问

（3）地址偏移。

处理器的地址空间与系统的地址空间存在地址偏移，需要通过地址转换才能适配。在图 2.46 中，处理器存储总线的寻址空间是 0x4000_0000～0x7FFF_FFFF，经过地址转换后，变成 0x0000_0000～0x3FFF_FFFF。所以软件仍然按处理器地址编程，但实际所访问的区域发生了改变。在处理器运行过程中，偏移地址还可以通过寄存器重新配置。

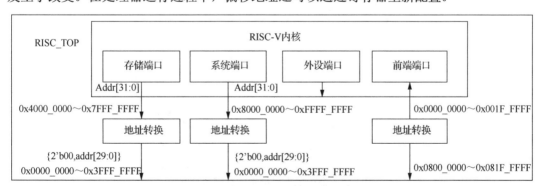

图 2.46 处理器存储总线地址偏移

（4）存储器重映射。

存储器重映射就是给存储空间重新分配地址，又称内存重映射或地址重映射。有些存储单元的地址可以根据设置变换，即一个存储单元当前对应一个地址，经过设置以后，又对应另外一个地址。在图 2.47 中，将地址 0x0000_0000 上的存储单元映射到了新的地址

0x0000_0007 上（存储器重映射），因此处理器访问 0x0000_0007，其实就是访问 0x0000_0000 上的存储单元。

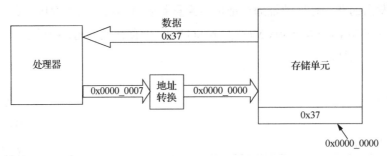

图 2.47　存储器重映射

存储器重映射主要发生在两种情形下：一是系统上电过程中；二是系统运行过程中。存储器映射是在复位释放之前由处理器自动完成的，存储器重映射是在复位释放之后由系统程序完成的。通常的顺序是上电→存储器映射→复位释放→存储器重映射→系统初始化→启动系统。

① 系统上电过程中的存储器重映射。

处理器可以从不同地址开始启动，常见的有 ROM 或 NOR 闪存所在地址空间的首地址，通过芯片引脚设置可以选择不同的启动源。如图 2.48 所示，当选择 NOR 闪存时，需要将处理器复位释放后的取指地址经地址转换导向该闪存所在的地址。

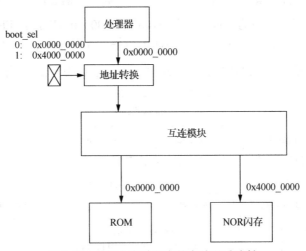

图 2.48　系统上电过程中的存储器重映射

② 系统运行过程中的存储器重映射。

存储器重映射是为了快速响应中断或者快速完成某个任务，将同一个地址段映射到两个不同速度的存储块，这样可以将低速存储块中的代码段复制到高速存储块中，对低速存储块的访问将被重映射为对高速存储块的访问。

目前,很多嵌入式系统中的闪存分为代码(Code)闪存和数据(Data)闪存。代码闪存用于存储可以运行的程序代码,通常被映射到 0 地址,系统上电复位释放后就从 0 地址开始执行。

下面以中断向量表的重映射为例分析存储器重映射的机制。先假设中断向量表由 8 条跳转指令组成,共 32B,代码闪存从 0 地址起始,中断向量表位于代码闪存的起始位置(0x0000_0000~0x0000_001F),RAM 从非 0 地址(假设为 0x4000_0000)起始。由于中断向量表位于代码闪存中,而代码闪存的读取速度比 RAM 慢,因此为了快速响应中断,可将 RAM 重映射到 0 地址,然后将中断向量表复制到 RAM 的起始位置,即将 0x0000_0000~0x0000_001F 重映射到 0x4000_0000~0x4000_001F。如此一来,当再次发生中断时,访问代码闪存中的中断向量表将被重映射为访问 RAM 中的中断向量表。

如图 2.49 所示,处理器首先通过重映射控制寄存器设置重映射存储块的起始地址和末地址(或大小),将 0x0000_0000~0x0000_003F 地址段重映射到 0x4000_0000~0x4000_003F;然后复制被重映射的存储块中的内容,将代码闪存中的中断向量表复制到 RAM 中。这样,当再次发生中断时,访问代码闪存中的中断向量表将被重映射为访问 RAM 中的中断向量表。

中断向量表由代码闪存被重映射到 RAM 之后,发生中断时就可快速响应中断。如果代码闪存的读取速度足够快,对中断响应速度的要求不是特别苛刻,可以不做这种重映射。

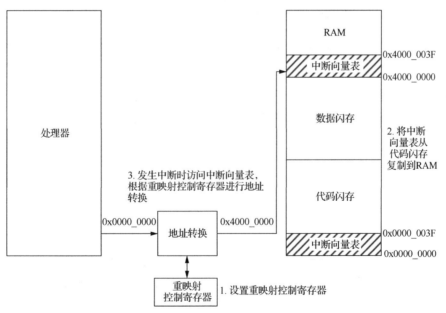

图 2.49 中断向量表的重映射

2.3.3 启动操作

1. 启动类型

芯片可以通过两种方式启动:一种是冷启动(或称冷重启、硬重启、硬启动),是指通过关闭电源按钮，然后重新打开来启动芯片的方式；另一种是热启动（或称热重启、软重启、软启动），是指当新软件安装、硬件有需要或应用程序由于某些原因没有响应时，通过菜单选项或按键组合重新启动芯片的方式。

2．处理器复位释放后的取指

处理器复位释放后，首先从某个固定地址读取第一条指令，该地址可能由处理器的制造商预先安排，如很多处理器的第一条指令都位于0x0000_0000，也可能由系统预先配置。除最常用的ROM外，嵌入式系统的某些固态存储设备（如闪存等）也可能被映射到此地址用作启动源。以ARM Cortex_M/R处理器为例，其复位释放后的取指过程如图2.50所示，首先从 0x0000_0000 处取出主堆栈指针（Main Stack Pointer，MSP）初始值，接着从0x0000_0004处取出程序计数器的初始值，然后从这个值对应的地址处取指，事实上，地址0x0000_0004开始存放的是默认中断向量表。

图2.50　ARM Cortex-M/R 处理器复位释放后的取指

假设ROM首地址在系统中位于0x0000_0000，处理器复位释放后的默认取指地址也位于此处，那么处理器复位释放后便能访问到ROM，如图2.51所示。

处理器复位释放后的取指地址可以从其端口配置，但是 ROM 首地址在系统中仍位于0x0000_0000，因此需要通过地址转换才能在处理器复位释放后访问到ROM，如图2.52所示。

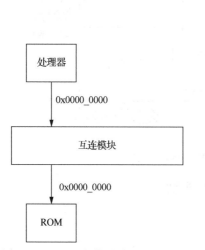

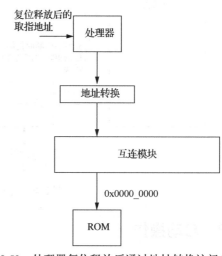

图2.51　处理器复位释放后访问ROM　　图2.52　处理器复位释放后通过地址转换访问ROM

处理器复位释放后的默认取指地址位于 0x0000_0000，但处理器希望一开始就从NOR

闪存处取指，所以也需要进行地址转换才能在处理器复位释放后访问到此闪存，如图 2.53 所示。

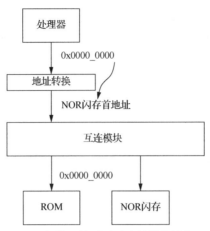

图 2.53　处理器复位释放后通过地址转换访问 NOR 闪存

3. 启动源

图 2.54 所示为芯片常用的启动源：NOR 闪存、NAND 闪存、USB、UART，可将其设置为不同的优先级，通过 BOOT 引脚选择。

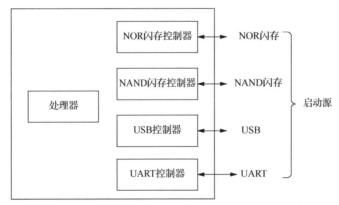

图 2.54　芯片常用的启动源

如表 2.3 所示，可以通过两个 BOOT 引脚选择三种不同的启动模式（Boot Mode），分别从闪存、内存和 SRAM 启动。

表 2.3　芯片的启动模式

启动模式选择引脚		启动模式
BOOT1	BOOT0	
×	0	闪存为启动源
0	1	内存为启动源
1	1	SRAM 为启动源

4．阶段启动

将操作系统内核复制到内存中运行的程序称为加载程序（Bootloader）。在执行加载程序前，通常需要由引导程序（Bootstrap）将其复制到芯片的内存中。引导程序可以直接固化在芯片 ROM 中，如果 ROM 缺失或者存储容量不够，则引导程序可以驻留在外部的启动源上，由 ROM 代码引导到芯片的内存中。芯片的启动过程分为多个阶段，如图 2.55 所示。

（1）阶段 1：ROM 代码运行。

处理器复位释放后，先从 ROM 中获取代码。ROM 代码为芯片内部的一段固化代码，由芯片厂商设计，用户无法修改。这段代码在处理器复位释放后被首先运行，从外部引脚（I/O）检测到不同的硬件设置后，判断启动模式，然后跳转到相应的程序代码，将引导程序从启动源复制到芯片内部 SRAM 中，如图 2.56 所示。

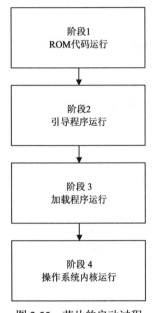

图 2.55　芯片的启动过程

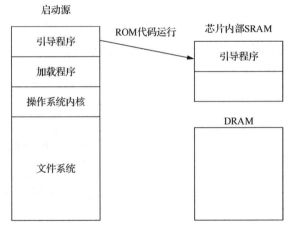

图 2.56　ROM 代码运行

（2）阶段 2：引导程序运行。

运行位于芯片内部 SRAM 中的引导程序，将加载程序代码从启动源复制到片外内存（DRAM）中，如图 2.57 所示。

（3）阶段 3：加载程序运行。

运行 DRAM 中的加载程序，将操作系统内核从启动源复制到 DRAM 中，如图 2.58 所示。

加载程序的启动过程可以是单阶段（Single Stage）的，也可以是多阶段（Multi-Stage）的，多阶段启动能提供更复杂的功能和更好的可移植性。大多数加载程序分为 stage1 和 stage2 两大部分，依赖于处理器体系结构的代码通常都放在 stage1 中，用汇编语言来实现；

stage2 则通常用 C 语言来实现。

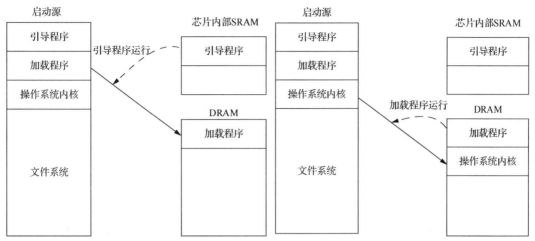

图 2.57 引导程序的运行　　　　　　图 2.58 加载程序运行

① 加载程序的 stage1。

- 硬件设备初始化。
- 为加载程序的 stage2 准备 RAM 空间。
- 复制加载程序的 stage2 到 RAM 空间中。
- 设置好堆栈。
- 跳转到 stage2 的 C 入口点。

② 加载程序的 stage2。

- 初始化本阶段要使用的硬件设备。
- 检测系统内存映射（Memory Map）。
- 将操作系统内核映像和文件系统映像从闪存读取到 RAM 空间。
- 为操作系统内核设置启动参数。
- 调用操作系统内核。

加载程序的实现严重依赖具体硬件，即使是支持多种处理器体系架构的 U-Boot（Universal Bootloader），也需要进行一些移植。

（4）阶段 4：操作系统内核运行。

运行 DRAM 中的操作系统内核，最终操作系统将控制整个系统，如图 2.59 所示。

引导程序和加载程序可以结合使用，如图 2.60 所示。

一个完整的芯片启动过程如图 2.61 所示。处理器复位释放后，跳转至 ROM 处取指执行。首先加载闪存中的引导程序到片上 RAM 并运行，然后进一步将加载程序从闪存转移至 DDR SDRAM 中并运行，最后将操作系统内核加载到 DDR SDRAM 中。

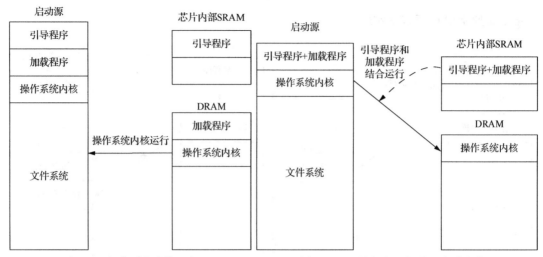

图 2.59　操作系统内核运行　　　　图 2.60　引导程序和加载程序结合使用

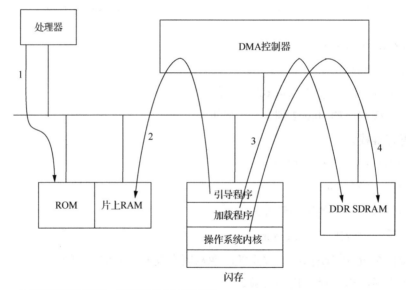

1. 处理器复位释放后，首先从 ROM 中获取代码
2. 处理器运行 ROM 中的代码，将引导程序从闪存复制到片上 RAM
3. 处理器运行 RAM 中的代码，将加载程序从闪存复制到 DDR SDRAM
4. 处理器运行 DDR SDRAM 中的代码，将操作系统内核从闪存复制到 DDR SDRAM

图 2.61　一个完整的芯片启动过程

5．在 SoC 上运行程序

图 2.62 展示了如何在 SoC 上运行程序。图 2.62 左侧是计算机编译流程，将编写好的文件转换成二进制表示的机器码，即二进制代码。图 2.62 右侧是一个可以运行的最小 SoC，其中虚框是 PCB，"SoC" 实框则是一颗芯片。

一段 C 代码要在 SoC 上运行，通常需要 7 个步骤。

（1）Step1：准备启动文件。

先用汇编语言写好 startup.s 文件。此文件主要用于完成处理器寄存器初始化、堆栈初始化、创建/初始化中断向量表、调用启动函数。堆栈初始化的主要内容包括分配大小和重置指针。中断向量表定义了各种中断发生后处理器要运行的程序地址，需要放在闪存的 0 地址处，例如，要运行程序 Reset_Handler，计算机就会先访问此中断向量表，获知 Reset_Handler 的地址，然后跳到相应位置开始执行。

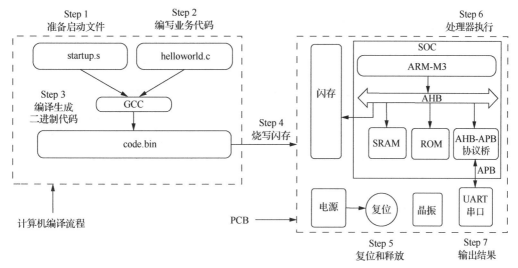

图 2.62 在 SoC 上运行程序

（2）Step2：编写业务代码。

编写 C 文件，如简单的打印程序 helloworld.c：

```
printf("Hello World!\n");
```

（3）Step3：编译生成二进制代码。

将编写好的文件转换成二进制代码。编译时通常采用交叉编译工具 GCC，其包括编译和链接等。简单地说，将 startup.s 文件编译成二进制代码，将 helloworld.c 文件编译成二进制代码，然后将两段二进制代码拼接起来，生成 code.bin。至此，基本上完成了代码编译。

（4）Step4：烧写闪存。

通过烧写器将计算机上生成的 code.bin 烧录到闪存上。

（5）Step5：复位和释放。

复位整个芯片系统。处理器复位释放后，Reset_Handler 是默认的初始化操作，其功能是将二进制代码从闪存加载到片上 SRAM，然后开始运行。

（6）Step6：处理器运行。

处理器开始运行程序。先运行 startup.s 文件，再运行 helloworld.c 文件。

（7）Step7：输出结果。

数据从处理器通过 AHB、AHB-APB 协议桥、APB，最后写到 UART 串口，利用串口线将结果显示在计算机上。

2.3.4 中断处理

中断是芯片的重要功能，产生中断时，处理器的中断处理函数（又称中断服务程序）可以打断主程序的执行，并且在中断处理完成后返回主程序，如图 2.63 所示。

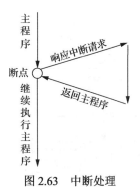

图 2.63 中断处理

（1）中断类型。

中断类型主要有以下 3 种。

① I/O 中断：某些 I/O 设备在串口数据发送完成、收到串口信息、外部引脚电平发生改变等情况下都会产生 I/O 中断。

② 计数器中断：计数器产生一个中断，告知处理器内核一个固定的时间间隔已经过去，这类中断大多数作为 I/O 中断来处理。

③ 处理器间中断：多处理器系统中一个处理器对其他处理器发出的中断。

除此之外，处理器执行程序时由于编程失误（如除 0）或者执行程序期间出现特殊情况（如缺页），必须靠内核来处理时，处理器就会产生异常，异常也被当作中断来处理。

（2）中断控制器。

外部中断可以直接送至处理器，由其内部的中断控制器处理，如图 2.64 所示。中断控制器用于管理和控制中断请求，如控制中断触发方式（电平或边沿）、中断极性、中断优先级、中断信号同步化、中断屏蔽和使能等。中断控制器通常包括中断请求线、中断掩码寄存器、中断向量表和中断优先级逻辑电路等组件。

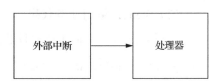

图 2.64 将外部中断直接送至处理器

（3）中断向量表。

处理器必须具备中断处理能力。中断分为非屏蔽中断（Non-Maskable Interrupt）和可屏蔽中断（Maskable Interrupt）两大类。非屏蔽中断源一旦提出请求（如电源掉电），处理器必须无条件响应；对于可屏蔽中断源的请求（如打印），处理器可以响应，也可以不响应。

每个中断都由一个数来标识，这个数称为中断类型号，也需要匹配一个中断服务程序。中断向量用于存放中断服务程序的入口地址或者跳转到中断服务程序入口地址的跳转指令。处理器根据中断类型号获取中断向量，为此需要建立一张查询表，即中断向量表，该表的每个条目都包含一个指向特定中断服务程序的入口地址。这样，当中断发生时，处理器可以根据中断类型号在中断向量表中查找对应的条目，并跳转到对应的地址执行相应的中断服务程序。

在 ARM 处理器中，中断向量表是一张预定义的表，通常在系统启动时由加载程序或操作系统进行定义和初始化。加载程序在系统启动时负责加载和启动操作系统内核，并在此过程中读取存储器中的中断向量表数据,将其复制到指定的内存地址,该地址通常在系统配置时已确定,以确保中断向量表可以在正确的位置被处理器访问。操作系统启动后会接管中断向量表的管理和配置,根据系统中断控制器和其他硬件设备的配置,将中断向量表中的条目映射到相应的中断服务程序入口地址。

2.3.5 高速缓存一致性

缓存块中的数据是内存中对应位置的数据的一个副本,高速缓存一致性是指缓存与内存之间的数据一致性。在多处理器系统中,高速缓存一致性也包括不同处理器的缓存之间的数据一致性。

缓存处于处理器与内存之间,处理器对缓存中数据的修改不能保证内存中的数据得到同步更新,外设对内存数据的修改也不能保证缓存中的数据得到同步更新。缓存数据与内存数据的不同步和不一致现象将可能导致利用 DMA 传输数据时或处理器自修改代码时产生错误。

大多数处理器的体系结构允许软件将内存指定为缓存区或非缓存区,其用法和实现方式完全由编译器、操作系统、底层软件、硬件确定,如图 2.65 所示。

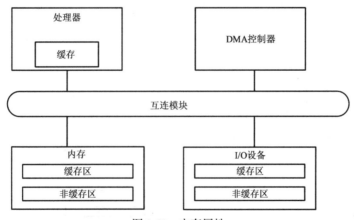

图 2.65 内存属性

在图 2.66 中,处理器对非缓存区执行加载操作,可以精确控制读/写单个字节、字或其他长度的信息,例如,当传输 64B 数据且每次仅传输 1B 数据时,共需要进行 64 次传输。

处理器对缓存区执行加载操作时,根据缓存行(块)的大小传输数据,并支持多个突发读取事务以实现高吞吐量。当传输 64B 数据时,假设缓存行的大小为 8B,且每次突发传输数为 8,则仅需要进行 1 次传输,可见传输效率提高至 64 倍。如果处理器只读,缓存数据将永远不会因外部机制而无效,因此重复读取同一地址的数据将始终返回该数据。如果处理器希望获取新数据,应该将缓存中的对应缓存行无效化,以便使该缓存行的下一次加载直接来自 I/O 设备,如图 2.67 所示。

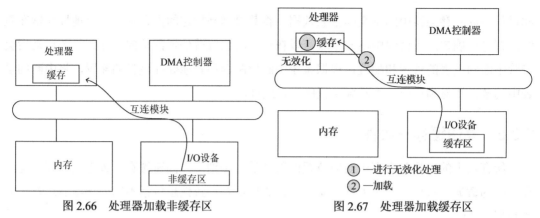

图 2.66 处理器加载非缓存区　　　　图 2.67 处理器加载缓存区

（1）DMA 操作时的高速缓存一致性。

在进行 DMA 操作时，如果没有对缓存进行适当的操作，将可能出现以下两种情况。

① DMA 控制器从外设读取数据供处理器使用。

DMA 控制器将外部数据直接传至内存，但缓存中保留的仍然是旧数据，这样处理器直接访问缓存将得到错误的数据，如图 2.68（a）所示。

② DMA 控制器向外设写入由处理器提供的数据。

处理器完成数据处理后，会将数据先存放到缓存中，不一定直接写回内存。如果此时 DMA 控制器直接从内存中取出数据传送至外设，那么外设将可能得到错误的数据，如图 2.68（b）所示。

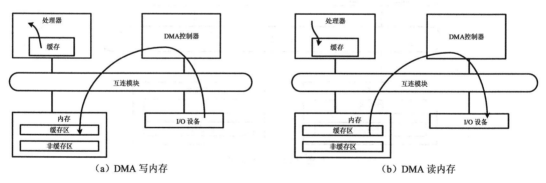

图 2.68 DMA 操作

针对这两种情况，常见的解决方案是利用硬件实现高速缓存一致性、缓存刷新或无效操作、使用非缓存区内存。

① 利用硬件实现高速缓存一致性。

在 DMA 控制器传输缓存区数据时，利用处理器的 ACP 或外部的高速缓存一致性互连模块，由硬件监视每一条内存访问，刷新、无效化缓存或"重定向"传输，以便 DMA 控制器传输正确的数据，并相应地更新缓存状态，如图 2.69 所示。

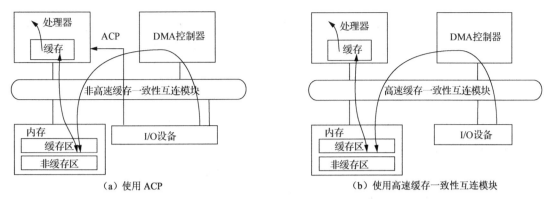

图 2.69 利用硬件实现高速缓存一致性

② 缓存刷新或无效操作。

在启动传输或者外设使用缓存前，软件先显式刷新缓存或使缓存中的数据无效。

外设内部的 FIFO 存储器产生了新数据，当 DMA 控制器从外设读取数据供处理器使用时，缓存中的数据显然已经无用，需要先对其进行无效操作，以迫使处理器在读取缓存前，从内存中读取数据到缓存，以保证缓存中的数据与内存中的数据一致，如图 2.70 所示。

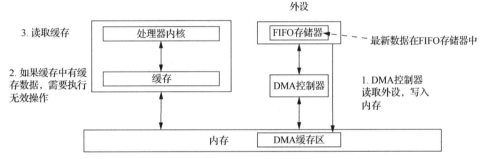

图 2.70 DMA 控制器读外设和写内存操作

当 DMA 控制器向外设写入由处理器提供的数据时，处理器的缓存中可能缓存了内存数据，需要对其进行清除/清理操作，将缓存中的数据写回内存。这样 DMA 控制器传输数据到外设内部的 FIFO 存储器之前，已先将缓存中的数据写回内存，如图 2.71 所示。

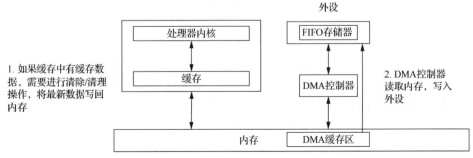

图 2.71 DMA 读内存和写外设操作

如果不清楚 DMA 操作的方向，也可同时进行无效和写回操作，其效果等同于两操作效果之和。因此，对于 DMA 操作，可以将部分内存区定义为缓存区，并以允许应用程序极快速地访问该内存区。在将该内存区中的数据传递给 DMA 控制器或应用程序之前，驱动程序需要进行缓存刷新或无效操作。

③ 使用非缓存区内存。

软件操作不但复杂，而且还导致缓存与内存之间进行更多的传输。某些处理器允许逐页禁用内存的缓存功能，以避免需要软件来显式刷新缓存。例如，可以将某段内存映射成非缓存区，如果映射的最小单位是 4KB，那么至少有 4KB 内存区是非缓存区。

解决 DMA 操作导致的高速缓存一致性问题的最简单方法就是禁止 DMA 目标地址范围内的缓存功能，但是这样做会牺牲处理器性能，如图 2.72 所示。

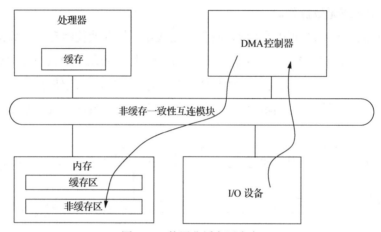

图 2.72　使用非缓存区内存

（2）指令缓存与数据缓存的一致性。

一般情况下，指令缓存和数据缓存是分开的。指令通常不能修改，但在某些特殊情况下，指令会被修改，如自修改代码（Self-Modifying Code）在执行时会修改其自身的指令，如图 2.73 所示。处理器内核执行自修改代码时将要修改的指令加载到数据缓存中然后修改该指令并将其写回数据缓存。此时，若其仍从指令缓存中取指令，则得到的是旧指令。可以采用硬件或软件方案来维护指令缓存与数据缓存的一致性。

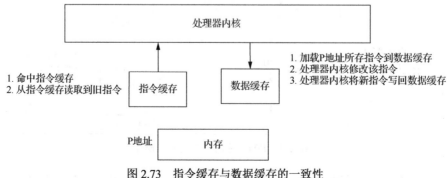

图 2.73　指令缓存与数据缓存的一致性

① 硬件方案。

通过硬件实现指令缓存和数据缓存之间的通信。当加载指令时，先查找指令缓存，如果指令缓存没有命中，再查找数据缓存；如果数据缓存也没有命中，则从内存中读取。每次修改数据缓存时，硬件负责查找指令缓存，如果命中，则随之更新指令缓存。不过，由于自修改代码较少，硬件方案花费的代价很高，因此，大多数情况下采用软件方案。

② 软件方案。

当操作系统发现修改的数据可能是指令时，将需要修改的指令加载到数据缓存中，并修改成新指令，写回数据缓存。然后刷新数据缓存中新指令所对应的缓存块，以保证数据缓存中的新指令被写回内存。无效化指令缓存中旧指令所对应的缓存块，以保证从内存中读取新指令。

（3）伪共享。

当多线程（Thread）修改互相独立的变量时，如果这些变量共享同一个缓存行，就会无意中影响彼此的性能，这就是伪共享，如图 2.74 所示。

当某处理器上的线程请求数据时，如果对应的内存数据也缓存在其他处理器上，那么其他处理器需要停止当前工作，将数据写回内存，以便该处理器能从内存中读取数据。在此操作期间，两个处理器都需要等待。与高效的单处理器实现相比，这种代码在多处理器上的运行速度可能要慢得多。

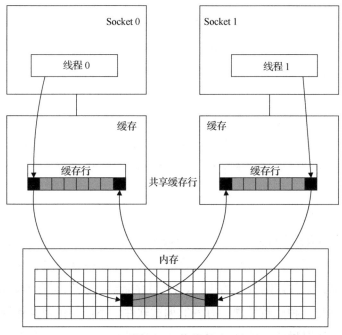

图 2.74　伪共享

2.4 处理器调试和跟踪

调试是一个发现和减少程序错误的过程，分为侵入式调试和非侵入式调试两种。

侵入式调试可通过设置断点、数据观察点等让程序暂停执行或单步执行，对于不能停止的程序则进行调试监视，当发生断点事件、数据观察点事件、外部调试请求事件等调试事件时，执行调试监视异常处理程序，不影响处理器对高优先级中断的响应。断点调试是最常使用的调试手段，可以获取到执行过程中的变量信息，并观察到执行路径，但断点调试会在断点位置停顿，致使整个应用停止响应。

非侵入式调试可通过指令跟踪、数据跟踪、软件生成的跟踪数据获知处理器执行的指令序列、事件发生的时序信息等，进而分析程序执行过程中出现的缺陷或瓶颈。

片上跟踪技术主要关注记录哪些信息、如何编码压缩和传输，以及如何应用。通过专用硬件非侵入式地实时记录程序的执行路径和数据读/写等信息，将其压缩成跟踪数据流后，经专用数据通路、输出端口和仿真器传输至调试主机。调试主机中的开发工具解压缩跟踪数据流，恢复程序执行信息，以供调试和性能分析。

开发嵌入式系统时，需要选择合适的开发工具，以加快开发进度，节省开发成本，因此一套含有编辑软件、编译软件、汇编软件、链接软件、调试软件、工程管理及函数库的IDE通常必不可少，评估板等其他开发工具则可以根据应用软件规模和开发计划选用。基于处理器的应用软件开发工作（如编辑、编译、汇编、链接等）在计算机上即可完成，调试工作则需要配合其他模块或产品方可完成，目前常见的调试软件有以下几种。

① 指令集模拟器。

部分IDE提供了指令集模拟器，可方便用户在计算机上完成一部分简单的调试工作，但是由于指令集模拟器与真实的硬件环境相差很大，因此经指令集模拟器调试通过的程序也有可能无法在真实的硬件环境下运行，用户最终必须在硬件平台上完成整个应用软件的开发。

② 驻留监控软件。

驻留监控软件（Resident Monitors）是一段运行在目标板上的程序，IDE中的调试软件通过以太网口、并行端口、串行端口等通信端口与驻留监控软件进行交互，由调试软件发布命令通知驻留监控软件控制程序的执行、读/写存储器、读/写寄存器、设置断点等。

驻留监控软件是一种比较低廉、有效的调试软件，不需要任何其他硬件调试和仿真设备。大部分嵌入式实时操作系统采用驻留监控软件进行调试，并且驻留监控软件作为嵌入式实时操作系统中的一个任务存在。

由于驻留监控软件对硬件设备的要求比较高，占用目标板上的一部分资源，并且不能对程序的全速运行进行完全仿真，所以对一些要求严格的情况来说并不适用。

③ 在线仿真器。

在线仿真器（In-Circuit Emulator，ICE）使用仿真头完全取代目标板上的处理器，可以完全仿真芯片的行为，提供更加深入的调试功能。为了能够全速仿真时钟频率高于 100MHz 的处理器，在线仿真器必须采用极其复杂的设计和工艺，价格比较昂贵。在线仿真器通常用于硬件开发，在软件开发中较少使用。早期的芯片没有 JTAG 调试逻辑，因此需要专门的在线仿真器，现在已经极少使用了。

④ JTAG 调试器。

JTAG 调试器是通过芯片的 JTAG 边界扫描口进行调试的设备。其利用已有的 JTAG 边界扫描口与处理器内核通信，属于完全非插入式调试，即不使用片上资源，不需要目标存储器，也不占用目标系统的任何端口。JTAG 调试器的目标程序在目标板上执行，仿真效果更接近于目标硬件，因此，许多接口导致的影响（如高频操作限制、AC 和 DC 参数不匹配、连线长度的限制等）被降到最低。

JTAG 调试器连接简单、使用方便、价格便宜。当芯片内置 JTAG 调试逻辑后，就不需要在线仿真器，仅需一个 JTAG 协议转接器即可。

目前，使用 IDE 配合 JTAG 调试是人们广泛采用的开发调试方式。

2.4.1　CoreSight 接口

CoreSight 技术具有调试和跟踪功能。

（1）调试功能。

① 控制处理器的运行，允许启动和停止程序。

② 单步调试源码和汇编代码。

③ 在处理器运行时设置断点。

④ 即时读/写存储器和寄存器。

⑤ 编程内部和外部闪存。

（2）跟踪功能。

① 串行线查看器（SWV）提供程序计数器采样、数据跟踪、事件跟踪和仪器跟踪等信息。

② 指令通过嵌入式跟踪宏单元（Embedded Trace Macrocell，ETM）传输到程序计数器，从而实现历史序列调试、软件性能分析和代码覆盖率分析。

调试和跟踪是两条不同的通路，对外也分别提供了调试端口（Debug Port，DP）和跟踪端口（Trace Port，TP），如图 2.75 所示。

图 2.75 调试端口与跟踪端口

（1）调试端口。

① JTAG 接口。

JTAG 接口是行业标准接口，提供了连接设备的简便方法，除可用于下载和调试目标处理器上的程序外，还有许多其他功能，适用于所有基于 ARM 处理器的设备。通过 JTAG 接口可以实现 CoreSight 调试功能。SWD 接口是 JTAG 接口的替代，适用于引脚数量有限的设备。

常用的 10 针和 20 针 JTAG 接口如图 2.76 所示。

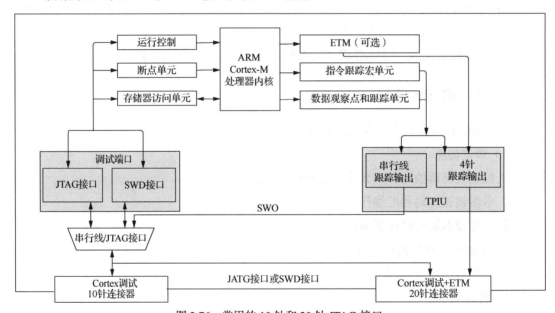

图 2.76 常用的 10 针和 20 针 JTAG 接口

JTAG 接口包含 5 个接口信号，分别为 TDI（测试数据输入）、TDO（测试数据输出）、TCK（测试时钟）、TMS（测试模式选择）、TRST（测试复位，可选）。

② SWD 接口。

SWD 接口使用两只引脚即可提供与 JTAG 接口相同的调试功能，并通过 SWV 引入数据跟踪功能，其接口信号包括双向 SWDIO 信号、时钟信号 SWCLK（可以从设备输入或输出）。

（2）跟踪端口。

① SWO 接口。

SWO 接口是一个单引脚跟踪接口，只需要一根 SWO（引脚）线，同时需要借助 SWV 查看数据。

② 跟踪端口的输出。

跟踪端口接口单元（Trace Port Interface Unit，TPIU）对从处理器和其他 CoreSight 组件收集到的各种跟踪数据进行格式化，然后通过跟踪端口传送到片外。跟踪端口的输出通常包括 4 个输出数据 TRACEDATA[3:0]和一个输出时钟 TRACECLK。

JTAG 接口与 SWD 接口可以共享连接器，其接口如下。

- TCK-SWCLK（串行时钟）。
- TMS-SWDIO（串行数据输入/输出）。
- TDO-SWO（串行线输出-SWV 使用）。

其中，TMS 必须是双向引脚，以支持 SWD 模式下的双向 SWDIO 信号。

图 2.77 所示为不同组合下的调试和跟踪端口。

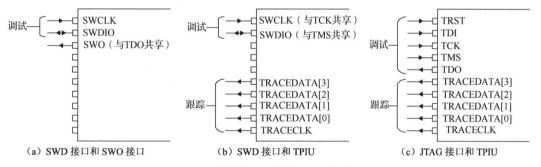

图 2.77　不同组合下的调试和跟踪端口

2.4.2　DAP

目前，新的 ARM 处理器内核不再含有 JTAG 接口，取而代之的是 DAP（Debug and Access Port，调试和访问端口）。外部调试工具通过 SWD 的方式接入，通过 DAP 总线接口访问芯片的寄存器和系统存储器，甚至可以在处理器内核运行时访问。

DAP 由 1 个调试端口和多个访问端口（Access Port，AP）通过 DAP 总线互连构成，如图 2.78 所示。调试端口通过 JTAG 接口或者 SWD 接口连接外部调试器进行通信。基于 ARM 的 SoC 中通常至少包含一个 DAP。

（1）调试端口。

由 JTAG-DP（JTAG-Debug Port）和 SW-DP（Serial Wire-Debug Port）组成的调试端口连接外部主机（Host），利用 JTAG 或串行线协议进行通信。CoreSight 技术支持 3 种调试端

口：JTAG-DP、SW-DP、SWJ-DP（Serial Wire/JTAG Debug Port）。

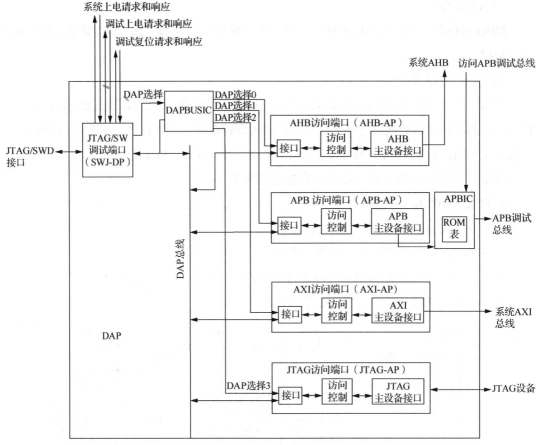

图 2.78 DAP 内部结构

（2）访问端口。

访问端口由调试端口控制，以响应外部命令，主要类型有以下 4 种。

① AXI-AP：访问挂接在系统 AXI 总线上的设备。

② AHB-AP：访问挂接在系统 AHB 上的设备。

③ APB-AP：访问挂接到 APB 调试总线上的内部调试设备。

④ JTAG-AP：访问 JTAG 设备，主要作用是兼容早期的 ARM 处理器。

（3）DAP 总线。

调试端口与访问端口之间由 DAP 总线连接。同一芯片上的多个处理器可以共用一个调试端口。

（4）DAP 的工作原理。

① 配置需要访问的访问端口。

② 调试端口接收外部调试器发送的 JTAG 接口或 SWD 接口数据，并将访问信息发送给该访问端口。

③ 访问端口接收到调试端口的访问后，转化为对应的总线访问，然后访问内部资源，将获得的信息回送给调试端口。

④ 调试端口通过 JTAG 接口或 SWD 接口将访问信息返回给外部调试器。

2.4.3 CoreSight 组件

图 2.79 所示为一个典型的 CoreSight 环境，包含了 2 个 ARM 处理器、1 个 DSP 和众多的 CoreSight 组件，通过调试通路、跟踪通路和触发通路，实现对处理器和 DSP 的调试和跟踪功能。

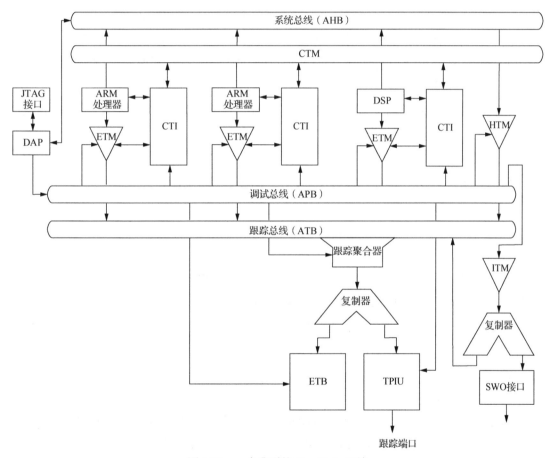

图 2.79 一个典型的 CoreSight 环境

（1）CoreSight 宏单元。

CoreSight 宏单元包括以下一系列宏单元。

① 嵌入式跟踪宏单元（Embedded Trace Macrocell，ETM）：提供指定设备（如处理器、DSP 等）的跟踪信息，每个设备各自拥有 ETM。

② 指令跟踪宏单元（Instrumentation Trace Macrocell，ITM）：提供调试总线上的信息。

③ 总线跟踪宏单元（AHB Trace Macrocell，HTM）：提供了 AHB 的地址和数据跟踪信息。

④ 跟踪聚合器（Trace Funnel）：将接收的多个 ATB 数据合并成 1 个 ATB 数据。

⑤ 复制器（Replicator）：将 1 个 ATB 数据分发成多个 ATB 数据。

⑥ ATB 桥（ATB Bridge）：用于 2 个不同 ATB 域之间的数据传输。

⑦ 嵌入式跟踪缓冲器（Embedded Trace Buffer，ETB）：存储 ATB 数据的缓冲器。

⑧ 跟踪端口接口单元（Trace Port Interface Unit，TPIU）：将 ATB 数据通过跟踪端口发送给外界。

⑨ 交叉触发器接口（Cross Trigger Interface，CTI）：接收和发送触发信号。

⑩ 交叉触发器矩阵（Cross Trigger Matrix，CTM）：传递 CTI 之间的触发信号。

⑪ 系统跟踪宏单元（System Trace Macrocell，STM）：提供互连总线上的信息。

（2）调试总线。

调试总线（APB）用于连接和访问 CTI、ETM、HTM、ITM、ETB、TPIU 等 Coresight 组件。

（3）跟踪总线。

跟踪总线（ATB）用于在 CoreSight 组件之间传递跟踪信息。

（4）调试通路。

调试通路用于外部调试器对 ARM 处理器和 DSP 进行调试，通常有 JTAG 接口和 SWD 接口。

DAP 接收外部 JTAG 接口数据，然后转变为对 DAP 内部访问端口的访问，再由访问端口转变为存储器映射的总线访问，以访问 SoC 的内部资源。

图 2.79 中，DAP 输出两个存储器映射总线。一个是调试总线（APB），用于访问 CoreSight 组件；另一个是系统总线（AHB），用于访问 SoC 的内部资源（如存储器等），并通过串行接口访问外设。

（5）跟踪通路。

跟踪通路实现对主设备组件的数据跟踪功能。ETM 负责跟踪 ARM 处理器和 DSP 的信息，并将其打包后通过总线接口发送到跟踪总线上。跟踪总线上的跟踪聚合器接收多个 ATB 数据，然后合并成 1 个 ATB 数据，并发送给复制器。复制器将接收的 1 个 ATB 数据复制后，将两个 ATB 数据分别发送给 ETB 和 TPIU，TPIU 通过跟踪端口发送到外部，如图 2.80 所示。此外，还可以由 SWO 接口发送信息。

（6）触发通路。

触发通路用于给指定的组件发送触发信号或者接收指定组件发出的触发信号，此功能由 CTI 和 CTM 来实现。

每个 ARM 处理器和 DSP 都有一个 CTI 与之相连，CTI 可以向 ARM 处理器或 DSP 发送触发信号，也可以接收 ARM 处理器或 DSP 发出的触发信号。

所有 CTI 都和 CTM 相连，实现多个 CTI 之间触发信号的相互发送与接收。

2.4.4 调试和跟踪系统

（1）单核调试系统。

图 2.81 所示为单核调试系统。DAP 将外部对调试端口的访问转变为访问端口访问，访问端口通过调试总线（APB）对 ARM 处理器中的调试资源或挂接在调试总线上的 CoreSight 组件进行访问。另外，DAP 也可通过 APBIC 模块与芯片系统通信。

（2）多核调试系统。

对于多核调试系统，DAP 将外部对调试端口的访问转变为多个访问端口访问，如图 2.82 所示。DAP 可以直接通过 JTAG-AP 访问连接其上的处理器（带 JTAG 接口）或通过 APBIC 模块访问处理器（不带 JTAG 接口）和挂接在调试总线上的 CoreSight 组件，也可以通过 APBIC 模块与芯片系统通信。

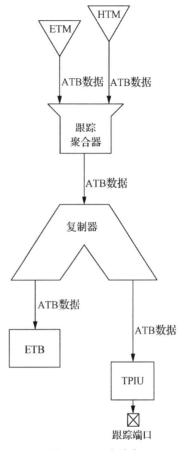

图 2.80　跟踪通路

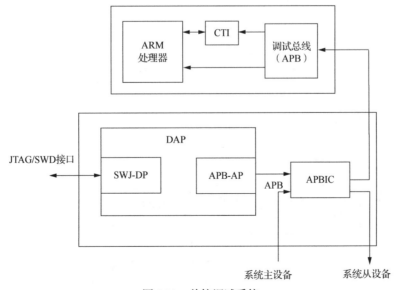

图 2.81　单核调试系统

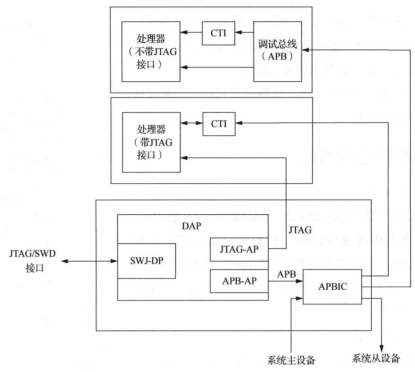

图 2.82 多核调试系统

(3) 单核简单跟踪系统。

图 2.83 所示为单核简单跟踪系统，只有一个跟踪源（ETM），直接将跟踪数据输出给 TPIU。

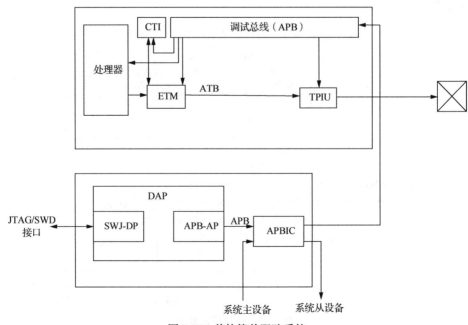

图 2.83 单核简单跟踪系统

单核简单跟踪系统除可以将跟踪数据输出给 TPIU 外，还可以将跟踪数据存储在内存中。在图 2.84（a）中，ETB 上游通过 ATB 捕获跟踪数据，下游与 SRAM 相连，将跟踪数据存储在其中。在图 2.84（b）中，ETR（Embedded Trace Router，嵌入式跟踪路由器）将跟踪数据通过系统总线存入系统内存或其他系统从设备。

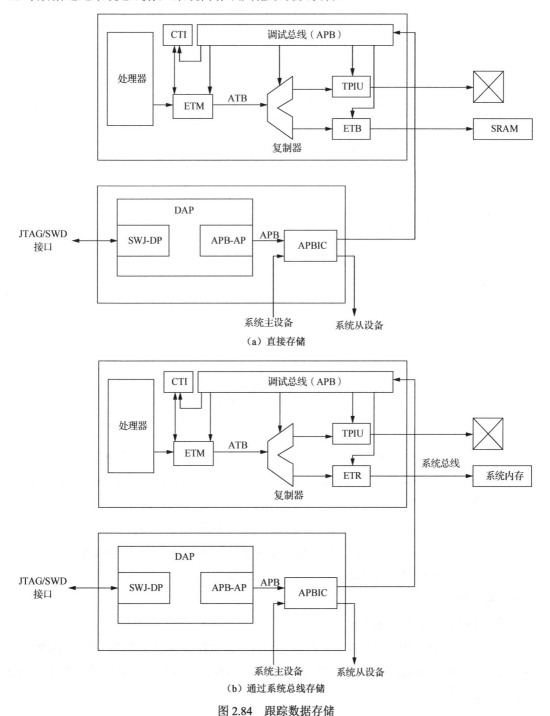

图 2.84 跟踪数据存储

(4)单核高级跟踪系统。

图 2.85 所示为单核高级跟踪系统,拥有两个跟踪源(ETM、STM),因此需要采用跟踪聚合器合并跟踪数据,并最终分别发送给 TPIU 和 ETR(或 ETB)。

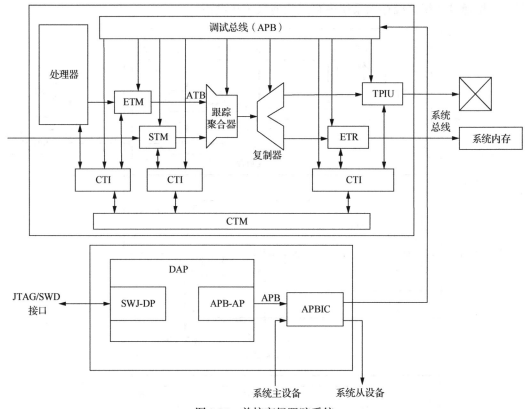

图 2.85 单核高级跟踪系统

(5)多核高级跟踪系统。

芯片内存在多个核,每个核都有自己的跟踪组件,并各自通过 ATB 输出跟踪数据。

来自多个核的 ATB 数据汇聚到系统的跟踪聚合器上进行合并,再由 TPIU 通过跟踪端口将跟踪数据输出到外部。

在图 2.86 中,如果所有处理器模块都以相同的时钟频率运行,则跟踪数据直接汇聚在一起。但 ATB 的总线宽度不同会导致 ATB 带宽无法得到充分利用,通过添加一些额外组件(如 ATB Upsizer、ATB 异步桥等)可以提高 ATB 的时钟频率和带宽,获得更好的跟踪系统性能,如图 2.87 所示。

(6)多核调试和跟踪系统。

CoreSight 调试架构允许在多个处理器之间共享调试连接和跟踪连接,因此只需要 1 个调试适配器就可以调试运行在系统中所有处理器上的程序,并且可以同时捕获来自多个处理器的指令信息。

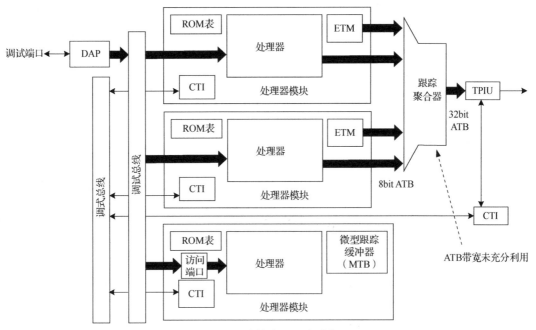

图 2.86 多核高级跟踪系统

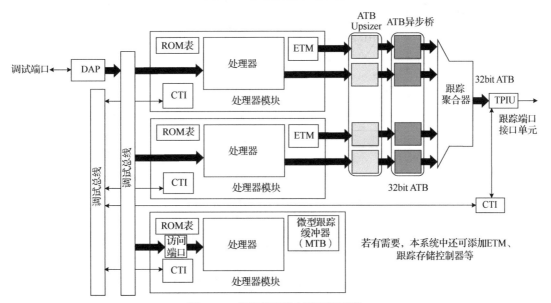

图 2.87 多核增强型高级跟踪系统

图 2.88 所示为含有处理器、DSP 的调试和跟踪系统,其中子系统 1 以处理器为主设备,子系统 2 以 DSP 为主设备。两个子系统中都包括了 CoreSight 调试组件、跟踪组件和触发组件。

两个子系统通过互连模块实现了相互间的通信及外设访问,同时各自的 CTM 与外部 CTM 相连接,实现彼此之间事件(Event)的相互传输。

整个系统拥有 1 个 DAP,包括 1 个调试端口(SWJ-DP)和 2 个访问端口(AHB-AP、APB-AP)。AHB-AP 直接连接到互连模块,可以访问连接到此互连模块的外设和存储器。APB-AP 连接到两个子系统的调试总线上,实现对子系统的 CoreSight 组件(如 ETM、CTI、HTM 和跟踪聚合器等)寄存器的访问;同时总线还连接到了系统的调试总线上,实现对系统的 CoreSight 组件(如跟踪聚合器、ETB、TPIU 和 CTI 等)寄存器的访问。

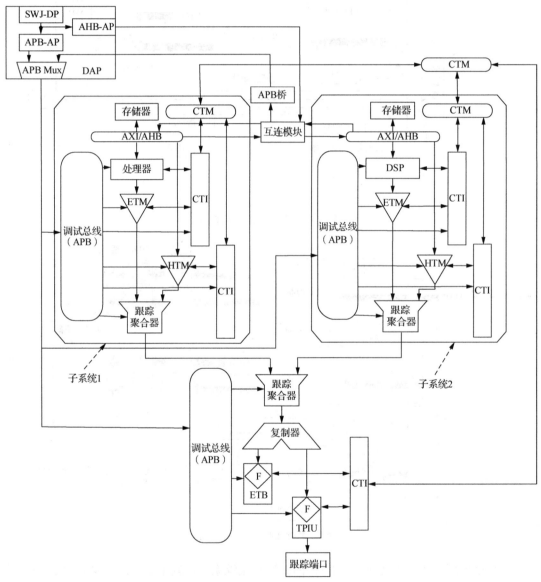

图 2.88 含有处理器、DSP 的调试和跟踪系统

两个子系统的跟踪数据通过各自的跟踪聚合器输出到系统的跟踪聚合器上进行合并,然后输出给复制器;复制器将接收到的跟踪数据广播给 ETB 和 TPIU;TPIU 通过跟踪端口将跟踪数据输出到外部。

2.5 ARM 处理器

作为一家 MPU 行业的著名企业，ARM 公司设计了大量高性能、廉价、耗能低的 RISC 处理器。ARM 公司提供 ARM 技术 IP 核，将技术授权给世界上许多著名的半导体、软件和 OEM 厂商并提供服务，本身并不直接生产。ARM 既可以代表一家公司，又被认为是一类 MPU 的通称或一种技术的代表。

目前，ARM 处理器广泛应用于各类消费性电子产品，从可携式装置（如移动电话、多媒体播放器、掌上电子游戏机和掌上计算机等）到计算机外设（如硬盘、桌面型路由器等），甚至在导弹的弹载计算机等军用设施中都有应用。由于 ARM 处理器具有节能特点，因此非常适用于耗能低的移动通信领域。

2.5.1 ARM 处理器系列

（1）ARM Cortex 系列。

ARM Cortex 系列处理器的内核分为 3 种类型：Cortex-A 是面向性能密集型系统的应用处理器内核；Cortex-R 是面向实时应用的高性能内核；Cortex-M 是面向各类嵌入式应用的 MCU 内核。ARM Cortex 系列处理器的发展如图 2.89 所示。表 2.4 总结了 ARM Cortex 系列处理器的主要特征。

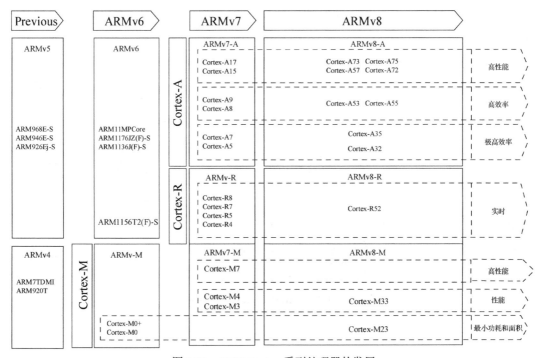

图 2.89　ARM Cortex 系列处理器的发展

表 2.4 ARM Cortex 系列处理器的主要特征

	ARM Cortex-A 系列处理器	ARM Cortex-R 系列处理器	ARM Cortex-M 系列处理器
设计特点	① 高时钟频率； ② 长流水线； ③ 高性能； ④ 对媒体处理支持（NEON 指令重扩展）	① 高时钟频率； ② 较长的流水线； ③ 高确定性（中断延迟小）	① 较短的流水线； ② 超低功耗
系统特性	① 内存管理单元； ② 缓存； ③ ARM TrustZone 安全扩展	① 内存保护单元； ② 缓存； ③ 紧耦合内存（TCM）	① 内存保护单元； ② 嵌套向量中断控制器（NVIC）； ③ 唤醒中断控制器（WIC）； ④ 最新 ARM TrustZone 安全扩展
目标市场	① 移动计算设备； ② 智能手机； ③ 高能效服务器； ④ 高端 MPU	① 工业微控制器； ② 汽车电子设备； ③ 硬盘控制器； ④ 基带	① MCU； ② 深度嵌入系统（如传感器、MEMS、混合信号 IC、IoT 等）

① ARM Cortex-A 系列处理器（应用处理器）。

ARM Cortex-A 系列处理器针对日益增长的消费娱乐产品和无线产品设计，应用于具有高计算要求、运行丰富操作系统、提供交互媒体和图形体验的领域，如智能手机、平板计算机、汽车驾驶系统、数字电视、智能本、电子阅读器、家用网络、家用网关和其他各种产品。其时钟频率超过 1GHz，支持 Linux、Android、Windows 等操作系统。图 2.90 所示为主要的 ARM Cortex-A 系列处理器，表 2.5 所示为部分 ARM Cortex-A 系列处理器的规格。

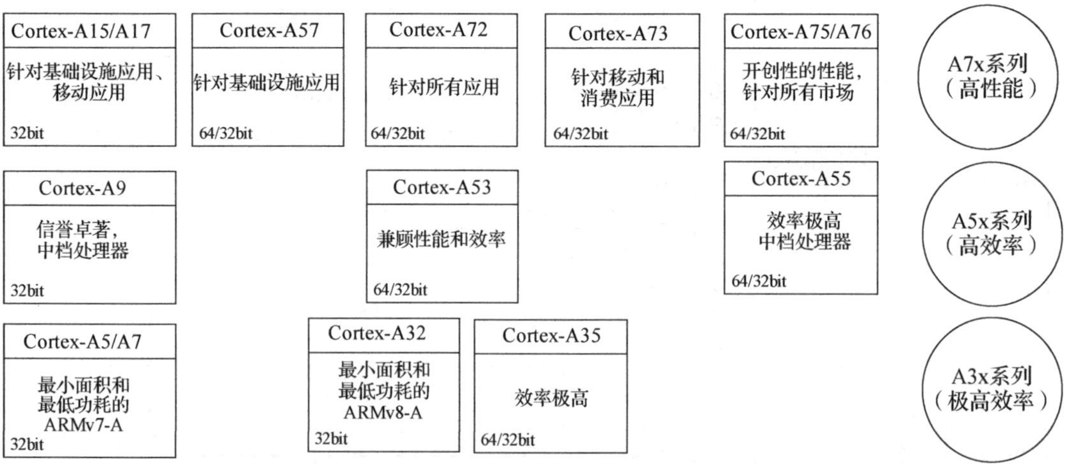

图 2.90 主要的 ARM Cortex-A 系列处理器

表 2.5　部分 ARM Cortex-A 系列处理器的规格

	Cortex-A73	Cortex-A72	Cortex-A57	Cortex-A53	Cortex-A35	Cortex-A32
处理器架构	ARMv8-A	ARMv8-A	ARMv8-A	ARMv8-A	ARMv8-A	ARMv8-A
位数	32/64 位	32/64 位	32/64 位	32/64 位	32/64 位	32 位
多核支持	1～4	1～4	1～4	1～4	1～4	1～4
I-Cache	64KB	48KB	48KB	8～64KB	8～64KB	8～64KB
D-Cache	32～64KB	32KB	8～64KB	8～64KB	8～64KB	8～64KB
DMIPS/MHz	7.0	5.4	4.6	2.3	2.5	2.3
big.LITTLE	支持	支持	支持	支持	支持	支持
针对产品	高端手机、数字电视及智能家居	高端数字电视、汽车驾驶系统	数字电视、有线/无线网络系统	中高档手机和数字电视	数字电视、机顶盒、智能手表	智能手机和智能手表
	Cortex-A17	Cortex-A15	Cortex-A9	Cortex-A8	Cortex-A7	Cortex-A5
处理器架构	ARMv7-A	ARMv7-A	ARMv7-A	ARMv7-A	ARMv7-A	ARMv7-A
位数	32 位	32 位	32 位	32 位	32 位	32 位
多核支持	1～4	1～4	1～4	1（仅单核）	1～4	1～4
I-Cache	32～64KB	32KB	16～64KB	16～32KB	8～64KB	4～64KB
D-Cache	32KB	32KB	16～64KB	16～32KB	8～64KB	4～64KB
DMIPS/MHz	4.0	4.0	2.5	2.0	1.9	1.57
big.LITTLE	支持	支持	不支持	不支持	支持	不支持
针对产品	智能手机和数字电视	廉价的手机和家庭无线产品	机顶盒、低端消费装置	机顶盒和硬盘	入门级手机、机顶盒、手环	数字电视、智能手表、手环

② ARM Cortex-R 系列处理器（实时处理器）。

ARM Cortex-R 系列处理器是面积最小的 ARM 处理器，针对高性能实时应用，如硬盘控制器或固态驱动控制器、企业中的网络设备和打印机、消费电子设备（如蓝光播放器和媒体播放器等），以及汽车应用（如安全气囊、制动系统和发动机的管理系统）。ARM Cortex-R 系列处理器在某些方面与高端 MCU 类似，不同之处在于其针对的是比使用标准 MCU 的系统还要大型的系统，如 ARM Cortex-R4 处理器非常适合汽车应用。图 2.91 所示为主要的 ARM Cortex-R 系列处理器。

③ ARM Cortex-M 系列处理器（MCU 处理器）。

ARM Cortex-M 系列处理器更多集中在低性能端，但是相对于许多 MCU 使用的传统处理器来说，其性能仍然很强大。例如，ARM Cortex-M4 和 ARM Cortex-M7 处理器应用在许多高性能的 MCU 产品中，时钟频率最大可以达到 400MHz。此外，ARM Cortex-M 系列处理器具有的低功耗和低成本也是关键的选择指标。ARM Cortex-M 系列处理器能够在 FPGA 中作为软核来使用，但更多应用于 MCU。在 ARM Cortex-M 系列处理器中，有些专注于最佳能效，有些专注于最高性能，还有些则专门应用于智能电表等细分市场。图 2.92 所示为主要的 ARM Cortex-M 系列处理器，表 2.6 所示为 ARM Cortex-M 系列处理器的描述。

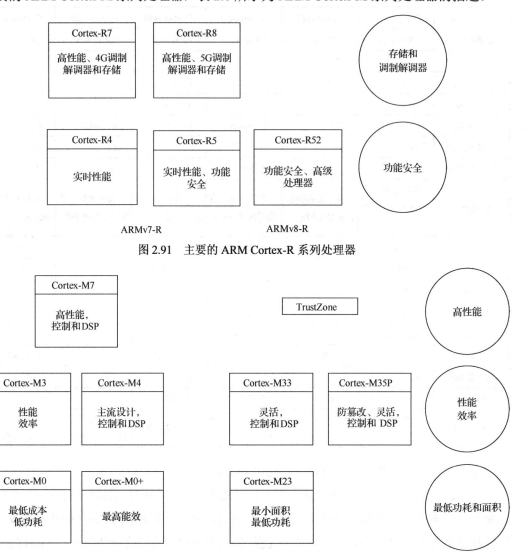

图 2.91 主要的 ARM Cortex-R 系列处理器

图 2.92 主要的 ARM Cortex-M 系列处理器

表 2.6 ARM Cortex-M 系列处理器的描述

处理器	描述
ARM Cortex-M0	面向低成本、超低功耗的 MCU 和深度嵌入应用的极小处理器（最小 12KB 门电路）
ARM Cortex-M0+	针对小型嵌入式系统的具有最高能效的处理器，面积和编程模式与 ARM Cortex-M0 处理器接近，但具有扩展功能，如单周期 I/O 接口和向量表重定位功能
ARM Cortex-M1	针对 FPGA 设计优化的小处理器，利用 FPGA 上的存储器实现了 TCM，具有与 ARM Cortex-M0 处理器相同的指令集
ARM Cortex-M3	针对低功耗 MCU 设计的处理器，面积小但性能强，具有支持快速处理复杂任务的丰富指令集、硬件除法器和乘加指令（MAC）。此外，其还支持全面的调试和跟踪功能，便于快速开发软件

续表

处理器	描述
ARM Cortex-M4	不但具有 ARM Cortex-M3 处理器的所有功能，并且扩展了面向 DSP 的指令集，如单指令、多数据指令（SM1ID）和更快的单周期 MAC 操作。此外，还有一个可选的支持 IEEE 754 浮点标准的单精度浮点运算单元
ARM Cortex-M7	面向高端 MCU 和密集数据处理应用的高性能处理器，具备 ARM Cortex-M4 处理器支持的所有指令功能，扩展支持双精度浮点运算，并且具备扩展的存储器功能，如缓存和 TCM
ARM Cortex-M23	面向超低功耗、低成本应用设计的小面积处理器，与 ARM Cortex-M0 处理器相似，但支持各种增强的指令集和系统层面的功能特性。此外，还支持 ARM TrustZone 安全扩展
ARM Cortex-M33	主流的处理器，与之前的 ARM Cortex-M3 和 ARM Cortex-M4 处理器类似，但系统设计更灵活，能耗更低，性能也更高。此外，还支持 ARM TrustZone 安全扩展

（2）ARM Neoverse 系列处理器。

当前，全社会数据总量爆发式增长，数据存储、计算、传输、应用的需求大幅提升，对算力的需求也越来越高。处理器不仅需要处理通用计算类任务，还需要承担网络、存储、安全等任务，有效算力在总体算力中的占比逐渐下降，行业急需在特定领域具有更高算力的芯片的支撑。在服务器数据中心市场上，ARM 公司正在全力打造 Neoverse 产品家族，其专为提出基础设施解决方案而设计，以满足更高的计算要求，降低功耗。目前，ARM Neoverse 家族包括三大系列：以性能为优先的 Neoverse V 系列、注重平衡性和能效比的 Neoverse N 系列、主攻高能效的 Neoverse E 系列，如图 2.93 所示。

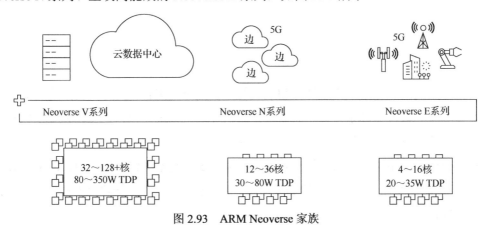

图 2.93　ARM Neoverse 家族

2.5.2　ARM 公司的授权方式

ARM 公司本身并不制造或出售处理器，而是将处理器架构授权给有兴趣的厂家。ARM 公司提供了多种授权条款，包括售价与传播性等。

ARM 公司提供 ARM 处理器内核的硬件代码和完整的软件开发工具（如编译器、调试器、SDK 等）。芯片设计公司希望能将 ARM 处理器内核整合到自研芯片设计中，甚至进行架构上的优化与加强，以达到额外的设计目标。

ARM 公司的授权分为三个层级：使用层级授权、内核层级授权、指令集层级授权，如图 2.94 所示。这三个层级的权限依次上升，对芯片设计公司的要求则是从低到高，发挥空间也是从低到高：使用层级授权（硬核）的发挥空间最小，指令集层级授权（软核）的发挥空间最大。

使用 ARM 公版架构，即购买 ARM 硬核的芯片设计公司对外宣传必须带上 ARM 公司的品牌：处理器的品牌是 Cortex-A××（××代表两位阿拉伯数字，第一个数字表示架构是第几代，第二个表示架构微调）；GPU 则是 Mali-G××（××含义同上）。

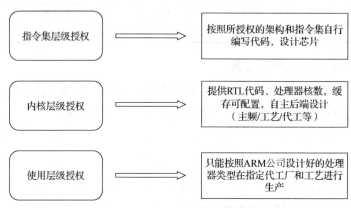

图 2.94　ARM 公司的授权体系

小结

- 指令集是处理器用来完成计算和控制的一套指令的集合，可分为复杂指令集和精简指令集。处理器体系结构是获取指令的物理结构方式，包括冯·诺依曼结构和哈佛结构等。微架构则是一套用于执行某种指令集的 MPU 设计方法。
- 几乎所有采用冯·诺依曼结构处理器都基于 5 个基本操作：IF、ID、EXE、MEM、WB。高性能处理器中还会增加重命名、派发和发射操作，低功耗处理器则会合并某些操作。
- 流水线中的各条指令之间存在相关性，可分为数据相关、名称相关（反相关、输出相关）和控制相关。指令的相关性冲突会产生结构冲突、数据冲突和控制冲突。
- 顺序执行是指按照取指顺序一条一条执行，遇到数据相关性就停下等待。乱序执行则指不必等待前面的指令执行完成就开始执行接下来的指令。
- 缓存位于内存与处理器之间，用于临时存储数据，通常由静态存储器来实现。缓存与内存之间的数据交换以块（缓存行）为单位，与处理器内核之间的数据交换则以字为单位。内存与缓存的地址映射有全相联映射、直接映射和组相联映射。

- 缓存读取策略决定处理器如何发出数据读取请求和如何读出数据；缓存更新策略决定当发生缓存命中时，写操作如何更新数据；缓存分配策略决定当发生缓存缺失时，如何为数据分配缓存行；缓存替换策略决定当从内存向缓存传送新块时，如何替换现有缓存行。
- 高速缓存一致性是指缓存与内存之间的数据一致性，包括指令缓存与数据缓存的一致性、处理器与外设的高速缓存一致性，以及多核处理器的高速缓存一致性。
- 按一定编码规则为物理存储器分配地址的行为称为存储器映射，对存储器映射的再次修改称为存储器重映射。
- 将操作系统内核复制到DRAM中运行的程序称为加载程序。在其执行前，通常需要由引导程序先将其复制到芯片内部SRAM上。引导程序可以直接固化在芯片ROM中或者由ROM代码引导到片上内存。
- 中断是芯片的重要功能，产生中断时，处理器的中断服务程序可以打断主程序的执行，并且在处理完成后返回主程序。
- 调试是发现和减少程序错误的过程，跟踪则实时记录程序的执行路径和数据读/写等信息。除了早期的JTAG接口，目前广泛使用ARM公司提供的DAP总线接口。外部工具可以通过调试端口访问芯片的寄存器和系统存储器，甚至可以在处理器内核运行时访问。

第 3 章 存储子系统

SoC 的存储子系统由寄存器、缓存、内存（主存）和外存（辅存）四级结构构成，用于存储程序和各种数据，如图 3.1 所示。

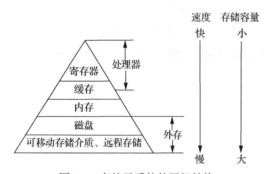

图 3.1 存储子系统的层级结构

图 3.2 所示为典型处理器的多级存储子系统，包括处理器内部的一级缓存和二级缓存，由 SRAM、DRAM 和 ROM 等构成的内存，以及由存储卡和磁盘等构成的外存。处理器操作的是寄存器中的数据，寄存器能够以接近处理器的时钟频率工作，当在寄存器中没有找到数据时，则在一级缓存中查找，并将查找到的数据加载至寄存器，如果一级缓存中也没有，则在二级缓存中查找，依次类推。

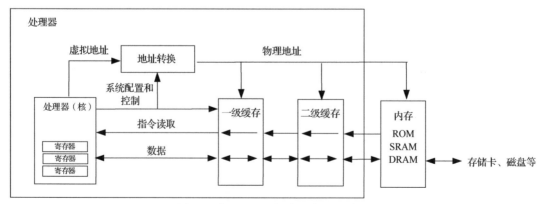

图 3.2 典型处理器的多级存储子系统

本章首先介绍存储器，然后讨论存储子系统的层次，最后介绍 DRAM 和闪存。

3.1 存储器

在数字系统中，存储器用于存储数据和程序，按存储介质不同，可分为磁性存储器、光存储器和半导体存储器；按存取方式不同，可分为 RAM、串行存取存储器、相联存储器等。

（1）RAM。

RAM 中的存储单元可随意存取，且存取时间与存储单元的物理位置无关。

（2）串行存取存储器。

串行存取存储器中的存储单元只能按某种顺序存取，存取时间与存储单元的物理位置有关。移位寄存器和 FIFO 存储器都属于此类。

（3）相联存储器。

相联存储器的存储单元不按地址而按内容来存取，可以实现快速查找快表，又称关联存储器或按内容寻址存储器。

3.1.1 半导体存储器

半导体存储器是一种以半导体电路作为存储媒介的存储器，包括 ROM 和 RAM，如图 3.3 所示。

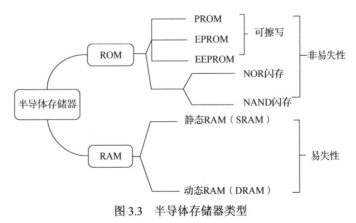

图 3.3 半导体存储器类型

（1）ROM。

ROM 是非易失性存储器，用于存储程序和静态数据，即使断电，数据也不会丢失。

ROM 意为只读存储器。所谓只读，是相对于处理器的读/写控制电平和控制逻辑而言的。有些 ROM 可读可写，只不过需要专门的写、擦除电平和时序，但是整体上都被称为 ROM。

根据重新编程（写）的次数和机制，ROM 可分为以下 4 种。

① PROM（Programmable ROM，可编程 ROM）：只能被编程一次。

② EPROM（Erasable Programmable ROM，可擦可编程 ROM）：可擦写达 1000 次。

③ EEPROM（Electrically-Erasable Programmable ROM，电擦除可编程 ROM）。

④ 闪存（Flash Memory）：不仅可读可写，还具备非易失性。

（2）RAM。

RAM 是易失性存储器，用于暂时存储程序和数据，断电后数据会丢失。

RAM 在使用过程中，既可利用程序随时写入信息，又可随时读出信息。根据工作原理的不同，RAM 可分为 SRAM 和 DRAM 两类，两种存储器的存储单元电路分别如图 3.4 和图 3.5 所示。

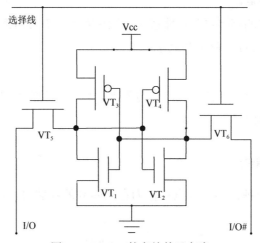

图 3.4　SRAM 的存储单元电路

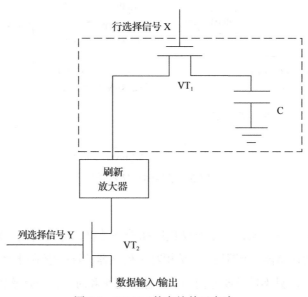

图 3.5　DRAM 的存储单元电路

① SRAM 的存储单元电路。

SRAM 的存储单元电路由 6 个晶体管组成。其中，$VT_1 \sim VT_4$ 组成双稳态锁存器，用于记忆 1 位二值代码；控制管 VT_5、VT_6 用于实现状态控制。

② DRAM 的存储单元电路。

DRAM 的存储单元电路由 1 个晶体管和 1 个电容组成。数据以电荷的形式存储在栅极电容上，电容上有电荷代表存储数据 1，无电荷代表存储数据 0。由于存在漏电，因此必须定时给电容补充电荷，以防止信息丢失，此操作被称为刷新。由于要不断进行刷新，因此称其为动态存储。

SRAM 的存储单元电路的优点是工作稳定、不需要刷新、运行速度快；缺点是集成度不高且功耗较大。DRAM 的存储单元电路的优点是集成度高、功耗低；缺点是运行速度慢，约为 SRAM 存储单元电路运行速度的一半，需要刷新。通常缓存使用 SRAM，内存使用 DRAM。

3.1.2 存储器结构

1．基本结构

存储器包含三部分：存储阵列、译码驱动电路和读/写电路，其依靠地址线、数据线和控制总线（片选线和读/写控制线）与外部连接，基本结构如图 3.6 所示。

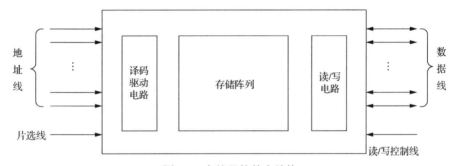

图 3.6 存储器的基本结构

- 片选线：用于选择芯片。
- 地址线：单向地址输入。
- 数据线：双向数据传输。
- 译码驱动电路：将输入地址翻译成相应存储单元的选择信号。
- 读/写控制线：决定芯片的读/写操作。
- 读/写电路：控制读/写操作。
- 存储阵列：二维矩阵，按其排列方式可分为两种结构：多字 1 位结构（N 字×1 位）和多字多位结构（常见的有 N 字×4 位，N 字×8 位）。

（1）译码驱动方式。

有两种译码驱动方式用于存储单元的选择。

① 线选法。

字选择线（字线）用于选中存储单元（如一字节），位线则是数据线。当存储单元很多时，需要大量字线，所以线选法只适用于存储量不大的芯片。

在图3.7中，4根地址线产生16根字线，可以选中16个存储单元；8根位线用于传输每个存储单元的8位数据。

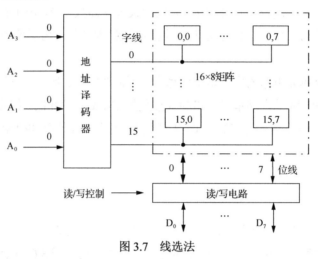

图3.7 线选法

② 重合法。

在图3.8中，地址译码器分成X（行）地址译码器和Y（列）地址译码器，在行和列的交汇处锁定一个存储单元，因此重合法适用于存储量大的芯片。

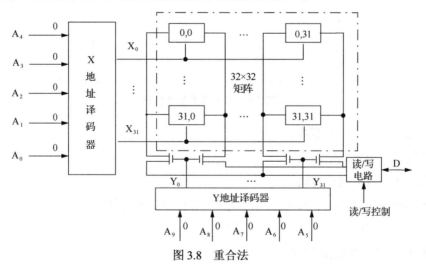

图3.8 重合法

（2）寻址原理。

存储器可由多个存储阵列组成。当访问某个存储单元时，根据行选择信号和列选择信号从存储阵列中选中相应的存储单元。

地址线数=行地址线数+列地址线数

存储单元数量=行数×列数

存储容量=存储单元数量×存储单元位宽

假定某存储器共有 24 根地址线，其中 14 根用于行译码，10 根用于列译码，存储单元位宽为 16 位，则可通过计算得到

存储单元数量=$2^{14} \times 2^{10}$=16M

存储容量=16M×16=256Mb=32MB

由此可知，该存储器的地址范围为 0x0000_0000（首地址）～0x0FFF_FFFF（末地址）。

2．存储器扩展

将多个单块 RAM 进行组合，可以扩展成大容量存储器。

（1）位扩展。

位扩展是指在存储器字数不变的前提下进行数据位数的扩展。

将 1MB×1 位的 RAM 扩展为 1MB×8 位的 RAM，并与处理器总线连接，如图 3.9 所示。将 8 颗芯片的数据线连接起来，形成 8 位数据总线 D_7～D_0 的不同位；各芯片的地址线 A_{19}～A_0 与处理器地址总线中对应的地址线相连，读/写控制线 R/W 与处理器读/写控制线相连，片选线 CS 与处理器片选线相连。

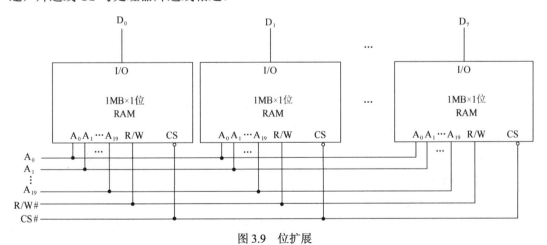

图 3.9 位扩展

（2）字扩展。

字扩展是指在数据位数不变的前提下进行字数扩展，即用扩展的地址线控制各芯片的片选线。

将 256KB×8 位的 RAM 扩展为 1MB×8 位的 RAM，并与处理器总线连接，如图 3.10 所示。各芯片的数据线分别与处理器数据总线 D_7～D_0 相连；处理器地址总线中的低位地址线 A_{17}～A_0 与各芯片对应的地址线相连；高位地址线 A_{19}、A_{18} 通过 2 线-4 线译码器分别产生

不同的译码输出信号,控制各芯片的片选端 CS;各芯片的读/写控制线 R/W 与处理器读/写控制线相连。

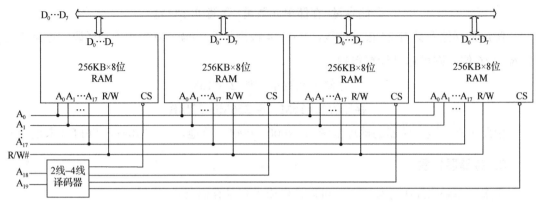

图 3.10　字扩展

(3) 复合扩展。

复合扩展是指对 RAM 的位线和字线都进行扩展,通常先进行位扩展,再进行字扩展。

假定需要将 256KB×1 位的 RAM 扩展为 1MB×8 位的 RAM。先进行位扩展,用 8 个 256KB×1 位 RAM 进行位扩展,构成 256KB×8 位的 RAM,再将位扩展后的 RAM 作为整体进行字扩展,采用 4 个 256KB×8 位的 RAM 构成 1MB×8 位的 RAM。

3. 存储器类型

(1) 单端口 RAM。

单端口 RAM(Single Port RAM)只有一个读/写端口,即只有一组数据线和地址线端口,读和写都通过此端口来访问,但同一时刻只能进行一种访问,要么是读,要么是写,不能同时读、写。图 3.11 中的单端口 RAM 有 1 个时钟输入端(CLK)、1 个地址输入端(ADDR)、1 个写数据输入端(DIN)、1 个读数据输出端(DOUT)、1 个使能输入端(EN)和 1 个写使能输入端(WE)。

(2) 伪双端口 RAM。

伪双端口 RAM(Pseudo Dual Port RAM)有 2 个读/写端口:一个端口只能读;另一个端口只能写。从整体上来看,读、写可以同时进行。伪双端口 RAM 又称为简单双端口 RAM(Simple Dual Port RAM)。图 3.12 所示的伪双端口 RAM 有 2 个时钟输入端(CLKA、CLKB)、1 个写地址输入端(ADDRB)、1 个读地址输入端(ADDRA)、1 个写数据输入端(DINB)、1 个读数据输出端(DOUTA)、2 个使能输入端(ENA、ENB)和 1 个写使能输入端(WEB)。

(3) 真双端口 RAM。

真双端口 RAM(True Dual Port RAM)有 2 个读/写端口,每个端口都可以独立进行读/写操作,既可以同时读或者同时写,又可以一个端口读、一个端口写。图 3.13 所示的真双端口 RAM 有 2 个时钟输入端（CLKA、CLKB）、2 个地址输入端（ADDRA、ADDRB）、2 个写数据输入端（DINA、DINB）、2 个读数据输出端（DOUTA、DOUTB）、2 个使能输入端（ENA、ENB）和 2 个写使能输入端（WEA、WEB）。

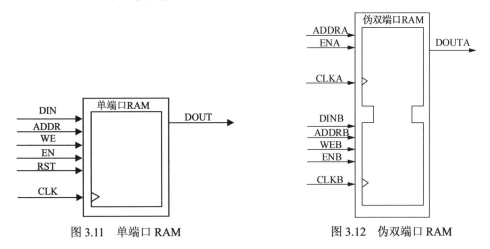

图 3.11　单端口 RAM　　　　　　　　图 3.12　伪双端口 RAM

（4）FIFO 存储器。

FIFO 存储器有 2 个读/写端口，其中一个端口只读，另一个端口只写，如图 3.14 所示。读操作与写操作可以异步进行，数据按照写入顺序被读出。存储容量较大的 FIFO 存储器通常由 RAM 实现，存储容量较小的 FIFO 存储器可以由寄存器实现。

FIFO 存储器与伪双端口 RAM 的区别在于，FIFO 存储器为先入先出，没有地址线，不能对存储单元寻址；伪双端口 RAM 的 2 个读/写端口都有地址线，可以对存储单元寻址。

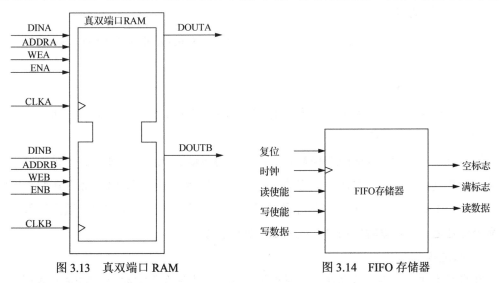

图 3.13　真双端口 RAM　　　　　　　　图 3.14　FIFO 存储器

（5）多端口 RAM。

多端口 RAM（Multi-Port RAM）可以提供 3 个或更多的读/写端口。

(6) 寄存器堆。

寄存器堆（Register File，RF）的功能与 SRAM 类似。我们通常提到的寄存器（Register）是指 D 触发器，很多 D 触发器组合在一起便构成了寄存器堆，但由此构成的寄存器堆的面积太大。实际使用的寄存器堆的存储单元是基于锁存器结构的，与 SRAM 完全相同。

与普通 SRAM 不同的是，寄存器堆可以实现多路并发访问，即具有多个读/写端口，可以同时访问多个功能单元或多个操作数。图 3.15 所示的寄存器堆除 2 个读端口外，还有 1 个写端口，允许同时进行多个读/写操作。

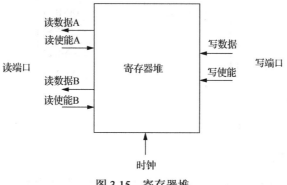

图 3.15　寄存器堆

在小规模应用中，寄存器堆较节省面积。当存储单元的数量小于或等于 256 个时，寄存器堆有较大的优势，当存储单元的数量大于 256 个时，应当采用存储库（Memory Library）中的标准存储单元。

4．SRAM 的时序

从时序角度来看，SRAM 可以分为同步 SRAM（Synchronized SRAM，SSRAM）和异步 SRAM。

（1）同步 SRAM。

同步 SRAM 的地址、数据输入和其他控制信号均与时钟信号有关，所有访问都在时钟信号的上升沿/下降沿启动。

同步突发 SRAM（Burst SSRAM）是最基础的同步 SRAM，只要连续地址中的第一个地址被加载到突发计数器内便可以连续读/写连续的区域。同步突发 SRAM 存在两种操作模式：直通（FLow Though）模式和流水线模式。它们的写入方式并无差别，数据输入相对于写命令无延迟，但数据输出相对于读命令的延迟有差异。

① 直通模式。

在直通模式下，输出数据在当前时钟周期内立即出现在数据线上，如图 3.16 所示。

② 流水线模式。

在流水线模式下，输出数据先被存储在流水线寄存器内，然后在下一个时钟的上升沿释放到输出驱动器,如图 3.17 所示。流水线模式的优点是减少了流水线寄存器的 CLK-Q 延迟,可以运行在更高速的时钟下,缺点是增加了额外延迟。

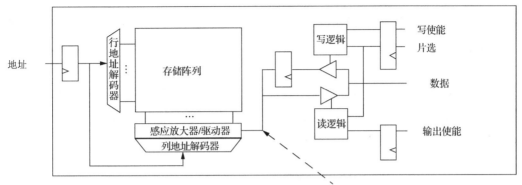

(a)同步突发SRAM的直通模式

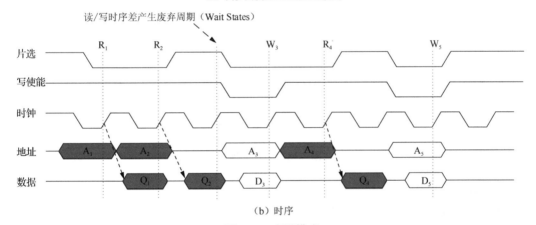

(b)时序

图 3.16 直通模式

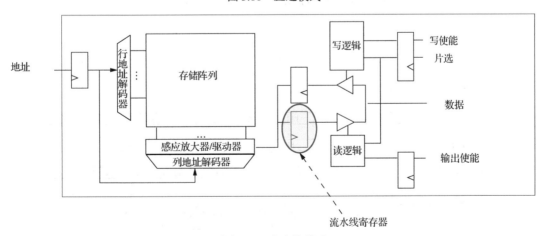

图 3.17 流水线模式

(2)异步 SRAM。

异步 SRAM(Asynchronous SRAM)没有时钟输入,数据的输入和输出都由地址所控制。一旦给出地址，数据就立刻输出。

5．SRAM 的操作模式

SRAM 每个读/写端口的操作模式决定了此端口读与写之间的关系，通常有三种模式：写优先模式（Write First Mode）、读优先模式（Read First Mode）、不变模式（No-Change Mode）。

（1）写优先模式。

在写优先模式下，输入数据被自动写入存储器，并且出现在数据输出端，如图 3.18 所示。这种模式增强了在同一读/写端口进行写操作时使用数据输出总线的灵活性，即数据输入的同时可自动写入存储器和驱动数据到数据输出端。

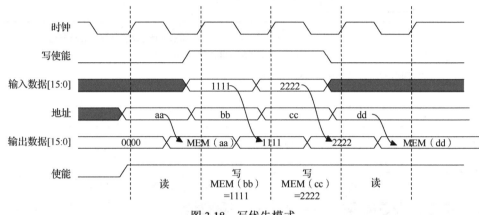

图 3.18　写优先模式

（2）读优先模式。

在读优先模式下，预先存储在写地址中的数据会被输出，输入数据被存入存储器，即以前写入当前写地址的数据出现在数据输出端，而此时输入的数据被保存到存储器中，如图 3.19 所示。

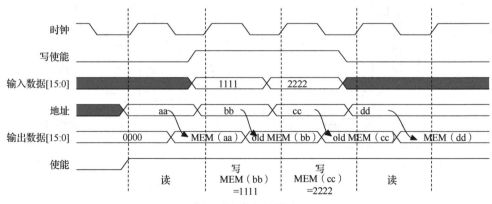

图 3.19　读优先模式

（3）不变模式。

在不变模式下，输出锁存器在进行写操作时保持不变。同一读/写端口的写操作不会对数据输出端产生影响，输出的仍然是以前的读数据，即输出锁存器在写操作期间保持不变，如图 3.20 所示。

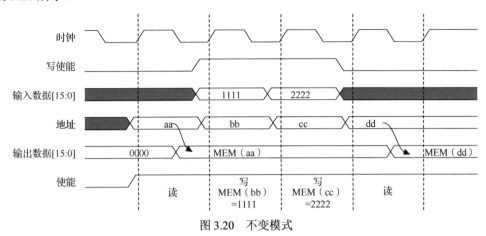

图 3.20　不变模式

① 写/读并行操作。

写/读并行（Read-During-Write）操作是指在写入数据的同时读出同一地址的数据，并输出到输出端，可以是相同端口写/读并行，也可以是混合端口写/读并行，如图 3.21 所示。

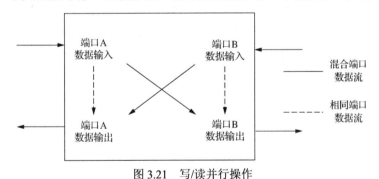

图 3.21　写/读并行操作

真双端口 RAM 的每个读/写端口都是独立且平等的，可以实现两个读/写端口同时进行读/写，如图 3.22 所示。当两个读/写端口的地址有冲突时，操作模式就会影响彼此之间的关系，并可能引发数据冲突。

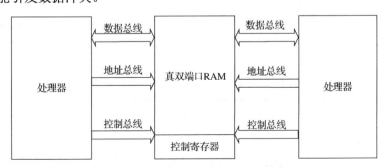

图 3.22　真双端口 RAM 与处理器的交互

当一个读/写端口写数据，另一个读/写端口在同一时钟周期内从同一地址读数据时会产生读/写冲突，有可能导致出现读/写错误，如图 3.23（a）所示。例如，假定一个读/写端口写入新数据，另一个读/写端口则期望从同一地址同时读取旧数据，若发生读/写冲突时存储内容没有被破坏，则读端口的输出数据取决于写端口的操作模式。例如，有些存储器规定如果写端口是读优先模式，那么读端口的输出数据就是期望的旧数据；如果写端口是写优先模式或不变模式，那么读端口的输出数据是新数据，而不是期望的旧数据，可视为无效。

存储器的读/写冲突影响数据输出，其仲裁可能存在于存储器内部，也可能存在于存储器外部。根据存储器的要求，可以制定一定的控制机制。例如，如果两时钟同步，则读/写操作需间隔一个或多个时钟周期，如图 3.23（b）～图 3.23（e）所示。在图 3.23（b）中，写时钟与读时钟同步，数据在当前时钟周期被写入写地址，在下一个时钟周期才从同一地址被读出；在图 3.23（c）中，写时钟与读时钟同步，数据在当前时钟周期从读地址被读出，在下一个时钟周期被写入同一地址；在图 3.23（d）中，写时钟与读时钟同步，数据在当前时钟周期被写入写地址，$2 \sim N$ 个时钟周期后才从同一地址被读出；在图 3.23（e）中，写时钟与读时钟同步，数据在当前时钟周期从读地址被读出，$2 \sim N$ 个时钟周期后才被写入同一地址。在图 3.23（f）中，如果两时钟异步，则读/写操作至少需间隔 1 个慢时钟周期，才能在逻辑上保证读/写操作的正确性，否则逻辑上无法保证读/写操作的正确性，如图 3.23（g）所示。此外，还可以制定更复杂的控制机制。例如，当一个读/写端口被写入数据后，另一个读/写端口可以通过轮询或中断获知，然后读取其写入数据。

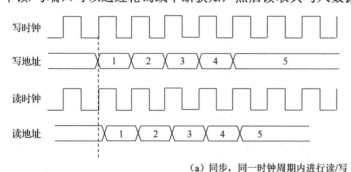

(a) 同步，同一时钟周期内进行读/写

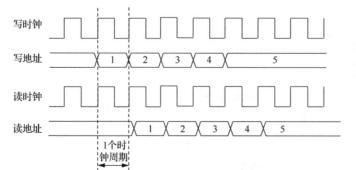

(b) 同步，先写后读（间隔 1 个时钟周期）

图 3.23　混合端口写/读并行操作

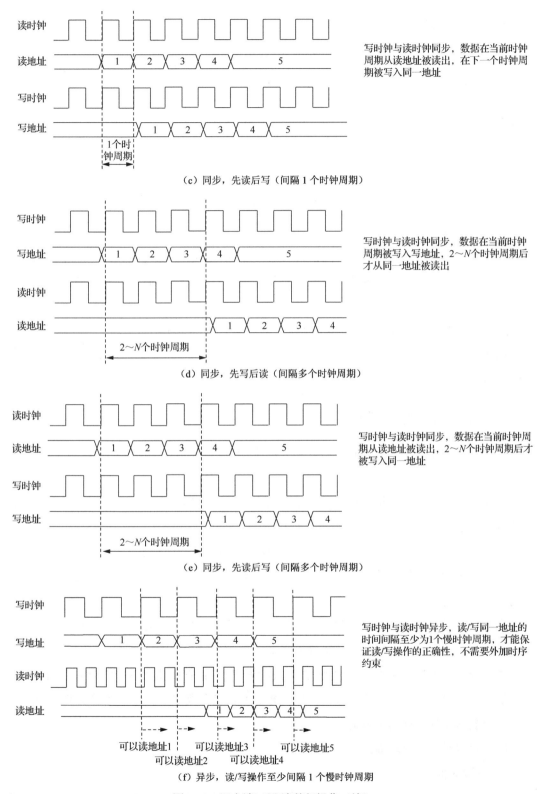

图 3.23 混合端口写/读并行操作（续）

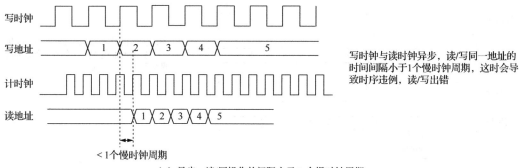

(g)异步,读/写操作的间隔小于 1 个慢时钟周期

图 3.23 混合端口写/读并行操作(续)

② 并行写操作。

如果存储器内部没有并行写操作的冲突解决电路,当两个读/写端口同时向存储器的同一地址写数据时,就会发生冲突,导致此地址中的内容未知,为此需要从存储器外部实现冲突解决逻辑。

如果 RAM 支持字节写入(Byte Write),则当向同一个 RAM 的不同字节地址写入时,其存储内容不会被破坏。只有当两个读/写端口同时向同一个 RAM 的同一字节地址写入时,其存储内容才会被破坏。

3.1.3 存储器的性能指标

存储器的性能在芯片中具有非常重要的地位,存储管理与组织的好坏会影响整体效率。

(1)存储容量。

存储器的存储容量是指一个存储器中所能容纳的存储单元总数,可以用位数、字数或字节数来表示,计算公式如下。

$$存储器的存储容量=存储单元数×数据线位数$$

例如,假设某存储器的地址线位数为 n,数据线位数为 m,则存储单元数为 2^n,存储器的存储容量为 $2^n \times m$ 位。

存放一个机器字的存储单元称为字存储单元,相应的地址称为字地址;存放一字节的单元称为字节存储单元,相应的地址称为字节地址。

虽然处理器的机器字长已经达到 32 位或者 64 位,但存储器仍以一字节为存储单元。如果机器字长等于存储单元的位数,1 个机器字可以包含数字节,那么 1 个存储单元可以包含数个能够单独编址的字节地址。

(2)存取时间和存取周期。

① 存取时间。

存储器的存取时间(T_a)是指存储器的访问时间,即从启动一次存储器操作到完成该操作所经历的时间，如从一次读操作命令发出到该操作完成，将数据读入数据缓冲寄存器所经历的时间。

超高速存储器的存取时间小于 20ns，中速存储器的存取时间为 100～200ns，低速存储器的存取时间可达 300ns 以上。

② 存取周期。

存储器的存取周期（T_M）是指连续启动两次独立的存储器操作（如连续两次读操作）所需的最小间隔时间。通常，存取周期略大于存取时间。

（3）其他指标。

① 数据传输速率。

数据传输速率（B_M）是指单位时间内能够传输的数据量，又称频宽。

若系统的总线宽度为 W，则数据传输速率 $B_M=W/T_M$，单位为 b/s。

例如，若 W=32 位，T_M=40ns，则 B_M=32/(40×10^{-9}s)=800Mb/s=100MB/s；若 W=32 位，T_M=10ns，则 B_M=400MB/s。

② 面积和功耗。

存储器的面积和功耗对芯片的影响都很大。

③ 可靠性。

存储器的可靠性采用平均故障间隔时间（Mean Time Between Failures，MTBF），即两次故障之间的平均时间来衡量。

MTBF=1/λ，其中 λ 为故障率，表示单位时间内的故障次数。

3.2 存储子系统的层次

处理器核的寄存器、缓存、内存和外存构成了 SoC 的存储子系统，其中寄存器和缓存已在其他章节进行了介绍，下面重点介绍内存和外存。

3.2.1 内存

内存是指处理器可以直接寻址的存储器，用来运行程序。由于内存的存取速度远快于外存，所以有效地提高了程序的运行速度。

（1）片上内存。

位于芯片内部的内存称为片上内存（On-Chip Memory）。常见的片上内存包括内部 ROM（Internal ROM，IROM）、一次性可编程（One-Time Programmable，OTP）存储器、内部 RAM（Internal RAM，IRAM）、系统 RAM（System RAM）和便笺式存储器（Scratchpad Memory）等。

① 内部 ROM。

内部 ROM 是指集成到 SoC 内部的 ROM，其资料内容在流片前就已确定，一旦流片便已固化，不能更改，所以有时又被称为光罩式只读内存（Mask ROM）。内部 ROM 中的内容在芯片工作时只能被读出，不能被改写，断电后所存内容也不会改变。内部 ROM 的制造成本较低，常用于芯片的开机启动。

② 一次性可编程存储器。

一次性可编程存储器中写入了一些与芯片有关的特定数据，如产品型号、标定参数、运行参数和加密数据等，可用于配置芯片内部的参数和功能，一般在芯片出厂前就已经设置好。一次性可编程存储器只允许一次性写入数据，不能修改，常用的电编程熔丝 eFuse 是其中的一种。

③ 内部 RAM。

内部 RAM 用于存放芯片运行时的代码和数据。

④ 系统 RAM。

系统 RAM 用于存放芯片运行时的大量功能数据，也称为功能 RAM。

⑤ 便笺式存储器。

便笺式存储器是一类存储器的统称，常用作片内存储器。其由 SRAM 存储部件、地址译码部件和数据输出电路三部分构成，不含缓存所具有的标记位（Tag）存储部件和地址比较部件，硬件构造相对比较简单，在相同的制造工艺下，面积一般仅为缓存的 65%。

缓存是一个具有通用目的的加速器，会加速所有代码。便笺式存储器是一个固定大小的 RAM，紧密耦合至处理器内核，虽然能提供与缓存相当的性能，但只会加速特意置入的代码，因此有更好的可预测性，其余代码仍只能通过缓存加速。便笺式存储器和缓存在读/写优先级上是等同的，处理器欲获取内存中的代码或数据时会先检查缓存中是否已存在想要的代码或数据，而欲获取便笺式存储器中的代码或数据时将直接读取而不经过缓存。类似于缓存的哈佛结构，指令便笺式存储器和数据便笺式存储器也可以分开。

在应用上，便笺式存储器与通用内存相仿。便笺式存储器和内存统一编址，使用片上高速总线与处理器连接，如图 3.24 所示。处理器可以直接访问便笺式存储器，不会出现像缓存一样不命中的现象，因此功耗低、速度快。

传统多核处理器采用共享存储器和私有缓存的两级存储结构，然而共享存储器结构使得多核之间的访存冲突严重，而私有缓存又受制于流数据的局部性，导致缓存不命中，严重影响了整个系统的吞吐率，造成大量功耗损失。在图 3.25 所示的结构中，多核处理器均配置一块片上便笺式存储器，通过乒乓结构实现核与核之间的数据通信，从而有效解决了传统多核处理器对共享存储器的访问冲突，降低了缓存不命中造成的性能损失，提高了多核处理器的运行效率。

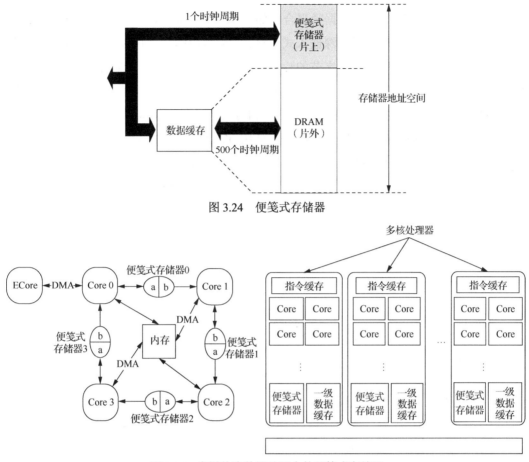

图 3.24　便笺式存储器

图 3.25　多媒体流数据处理中的便笺式存储器

ARM 处理器使用了 TCM（Tightly Coupled Memory，紧耦合内存）这个术语，具有 TCM 的处理器如图 3.26 所示。TCM 可以用作本地内存和快缓存（Smart Cache）：当作为本地内存使用时，TCM 是更快速的内存，如同一般的片上内存；当作为快缓存使用时，TCM 配置成外部内存的缓存，对应的外部内存则要设置为缓存区。如果多个处理器共享被缓存的外部内存，则 TCM 中的数据是否与共享数据保持一致需由具体实现厂家来决定。

TCM 与处理器缓存的内容不会自动保持一致，这意味着 TCM 映射的内存区域必须是非缓存区。如果一个地址同时落在缓存和 TCM 内，那么访问此地址的结果将不能预测。

缓存机制利用软件程序的时间局部性和空间局部性，将空间巨大的存储器动态映射到存储容量有限的缓存中，可以使访问存储器的平均延迟降低。由于缓存的存储容量有限，因此访问缓存存在着相当大的不确定性。一旦缓存未命中，就需要访问外存，造成较长的延迟。在实时性要求高的场景中，处理器的反应速度必须有最可靠的实时性，如果使用缓存，则无法保证这一点。大多数极低功耗处理器的应用场景都是实时性较高的场景，因此没有配备缓存而更加倾向于使用延迟确定的指令紧耦合存储器（Instruction Tightly

Coupled Memory，ITCM）或者数据紧耦合存储器（Data Tightly Coupled Memory，DTCM）。大多数极低功耗处理器均应用于深嵌入式领域，该领域中的软件代码规模一般较小，所需要的数据量也较小，使用几十千字节的片上 SRAM 或者 ITCM、DTCM 便可满足需求，因此缓存能够缓存数量巨大的存储器数据的优点在此难以发挥。此外，缓存的设计难度比 ITCM 和 DTCM 要大很多，消耗的面积资源和带来的功耗损失也更大，而极低功耗处理器更加追求小面积和能效比，因此更倾向于使用 ITCM 和 DTCM。ARM Cortex-M3 和 ARM Cortex-M4 处理器核都配备了 ITCM 和 DTCM。ITCM 和 DTCM 被映射到不同的地址空间，处理器可以使用明确的地址映射方式去访问。由于 ITCM 和 DTCM 并不是缓存机制，不存在缓存未命中的情况，其访问延迟明确可知，因此程序的执行过程能够得到明确的性能结果。

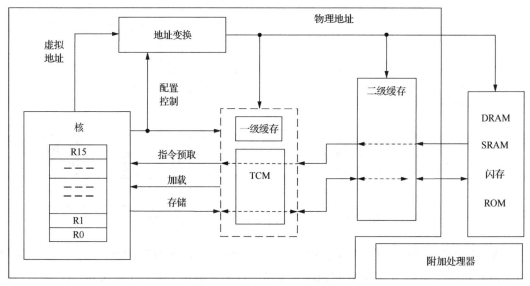

图 3.26　具有 TCM 的处理器

利用 TCM 这一快速存储区，不但提高了某些关键代码的性能，而且使访问延迟保持一致，满足了实时性应用的要求。TCM 应用于可预测的实时处理（如中断处理等）和高性能代码（如编/解码等）等。例如，通常情况下，FIR 和 FFT 等算法需要尽快且稳定地运行，以便实时响应或提供无缝的音频和视频性能。要满足系统性能和延迟目标，此类例程应以完整时钟频率运行，不受缓存缺失、中断、线程交换等影响，因此不能仅依赖标准内存来运行代码和保存数据，如闪存因运行过慢而无法跟上处理器内核的速度，若使用缓存，则在缓存未命中时会产生较长延迟，此时处理器架构可通过 TCM 提供一种绕过标准执行机制的方法。

有些处理器提供专门的 TCM 接口，可以在外部直接读/写内容，也可以通过处理器总线接口进行访问，如图 3.27 所示。

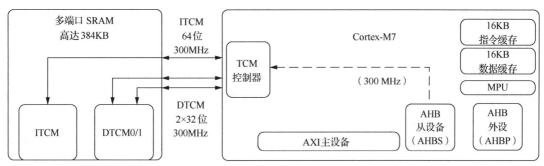

图 3.27　TCM 的访问

⑥ 嵌入式闪存。

嵌入式闪存（eFlash）可以集成在芯片里面以降低系统成本，如图 3.28 所示。受制于制造工艺及成本，嵌入式闪存的存储容量很小，一般只有几兆位。

（2）板级内存。

板级内存（PCB Memory）主要安装在 PCB 上，提供大容量的代码和数据存储空间，最常见的有 DDR SDRAM 和 SDRAM。处理器通过片上总线或控制器访存板级内存。

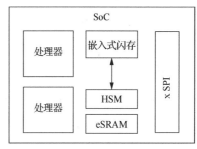

图 3.28　嵌入式闪存

3.2.2　外存

外存是指处理器需要通过驱动程序去访问的存储器，一般用来保存数据，也称为辅助存储器，如图 3.29 所示。

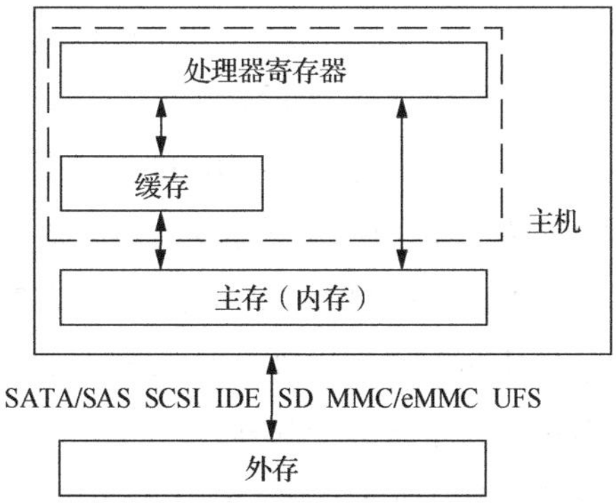

联机外存主要有磁介质机械硬盘、固态硬盘（SSD），以存储需要永久保存的文件。磁介质机械硬盘的存储容量大、价格便宜。脱机外存主要有移动硬盘、光盘、U 盘、闪存等便携式存储器，以便于携带。

外存接口标准主要包括硬盘接口标准、闪存储卡的接口标准等。通用的接口标准为不同类型的外存产品提供了接入的互换性，便于产品升级和维护。

图 3.29　外存

3.2.3　虚拟内存

在早期的计算机中，程序均直接运行在内存上，也就是说，程序中访问的内存地址都是实际的物理地址。当同时运行多个程序时，必须保证用到的内存总量小于计算机实际物理内存的大小。

直接访问物理内存会造成内存数据不安全。例如，恶意或非恶意的程序修改了其他程序的内存数据，轻则使程序无法运行，重则使操作系统崩溃。在程序运行过程中，系统首先必须选择将某些已运行程序的数据暂时复制到硬盘上以释放部分空间，然后将其他程序的数据全部装入内存中运行，导致物理内存和硬盘之间存在大量数据交换，内存使用效率低。此外，内存空间随机分配也导致程序运行的地址不确定。

1．虚拟地址

为了解决上述问题，现代处理器系统都支持虚拟内存。程序所使用的地址称为虚拟地址（Virtual Address），实际存在的硬件空间地址则称为物理地址（Physical Address）。

由于程序必须在真实的内存上运行，因此必须在虚拟地址与物理地址之间建立一种映射机制。通过映射机制，当程序访问虚拟地址空间中的某个地址时，相当于访问了物理地址空间中的另一个地址。只要操作系统处理好虚拟地址到物理地址的映射，就可以保证不同程序最终访问的内存地址位于不同的区域，彼此没有重叠，从而提高内存利用率、隔离内存和确定运行地址。

对于一个内存容量为 256MB 的 32 位 SoC 而言，其虚拟地址的范围是 0x0000_0000～0xFFFF_FFFF（4GB），而物理地址的范围是 0x0000_0000～0x0FFF_FFFF（256MB）。在 32 位的操作系统中，一个进程会被分配一个 4GB 的虚拟进程地址空间，如果只安装了 256MB 的内存，操作系统就需要将虚拟地址映射到此真实物理地址。

程序代码记录的是虚拟地址，通常保存在外存中，程序运行时才将其装入内存，并将虚拟地址转换成物理地址，如图 3.30 所示。

例如，在一个内存容量只有 4MB 的机器上运行一个 16MB 的程序，由操作系统决定各个时刻将其中哪部分 4MB 的内容保留在内存中，并在需要时交换内存与外存的程序片段，但 16MB 的程序在运行前不必由程序员进行分割。

操作系统管理虚拟地址与物理地址之间的关系主要有两种方式，分别是内存分段（Segmentation）和内存分页（Paging）。

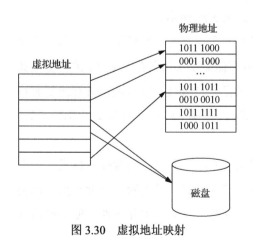

图 3.30　虚拟地址映射

（1）段式虚拟存储器。

段式存储管理是一种为程序代码按段分配内存的存储管理方式，内存与外存间的信息传送单位是不定长的段。

程序由若干逻辑段组成，如代码段、数据段、栈段、堆段等，不同的段具有不同的属性。

分段机制下的虚拟地址主要由两部分组成：段号和段内偏移量。虚拟地址通过段表与物理地址进行映射，程序的虚拟地址分成 4 段，每段在段表中有一条目，从该条目中找到段基地址，再加上段内偏移量，便能找到相应的物理地址，如图 3.31 所示。

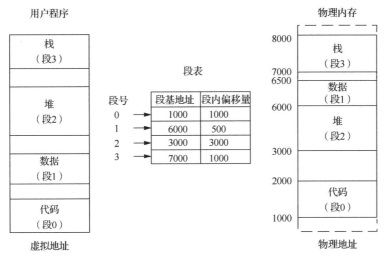

图 3.31　段式虚拟存储器的地址映射

对于段 3 中段内偏移量为 500 的虚拟地址，其对应的物理地址为 7000（段 3 的基地址）+500（段内偏移量）= 7500。

由于段的分界与程序的自然分界相对应，因此虽然段易于编译、管理、修改和保护，也便于多程序共享，但是存在有内存碎片和内存交换空间太大、效率低的问题。

（2）页式虚拟存储器。

页式存储管理是一种将内存按页（Page）分配的存储管理方式，主存与外存间的信息传送单位是定长的页。

程序的运行具有局部性，大部分数据在一个时间段内都不会被用到，可以考虑使用分页这种粒度更小的内存分割和映射方法。分页是将整个虚拟内存和物理内存切成一段段固定尺寸的页，每页大小由处理器决定。在 Linux 操作系统下，常用的页大小为 4KB。

虚拟内存被分为大小相同的一组页，每页使用一个页号来标示。而相应的物理内存也被划分，单位是页框（Frame）。页和页框的大小必须相同。虚拟内存的页通过页表（Page Table）映射到物理内存的页框，如图 3.32 所示。

在分页机制下，虚拟地址分为虚拟页号和页内偏移两部分。虚拟页号是页表的索引，页表中的物理页号与虚拟地址中的页内偏移相组合便形成了物理地址，如图 3.33 所示。

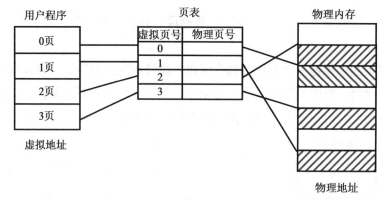

图 3.32　页式虚拟存储器的页表

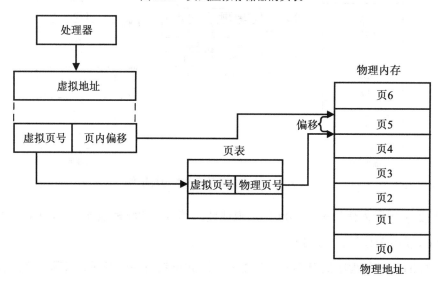

图 3.33　页式虚拟存储器的地址映射

（3）段页式虚拟存储器。

先将用户程序按逻辑关系划分成若干段，再将每一段划分成若干页，以页为单位进行离散分配，如图 3.34 所示。处理器发出的虚拟地址中包含段号、段内页号和页内偏移，地址映射时首先访问段表，得到页表起始地址；然后根据页表起始地址找到页表，并根据段内页号在页表中找到物理页号；最后将物理页号与页内偏移相组合，得到物理地址。

段页式虚拟存储器充分利用了段式和页式两种虚拟存储器在管理内存和外存空间方面的优点，提高了内存利用率。

2．MMU

处理器根据虚拟地址访问内存，但到达存储器的是物理地址。处理器的 MMU 负责将虚拟地址转换为物理地址，如图 3.35 所示。

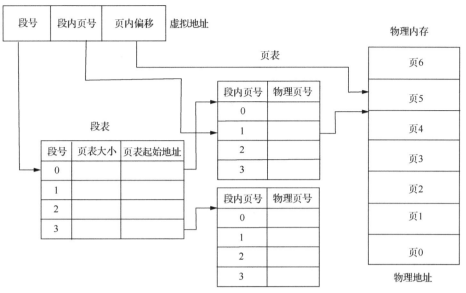

图 3.34 段页式虚拟存储器的地址映射

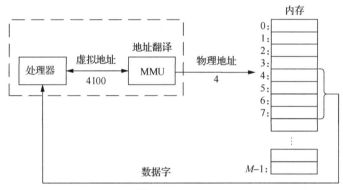

图 3.35 MMU

处理器引入 MMU 后，读取指令和数据需要执行至少两次内存访问：第一次访问页表，以获得对应的物理地址；第二次访问物理地址，以获得指令和数据。为了减少因使用 MMU 导致的处理器性能下降，引入了 TLB（Translation Look-aside Buffer，地址变换备用缓冲器，又称快表或页表缓存），如图 3.36 所示。TLB 存储了当前最可能被访问的页表项。当 MMU 需要转换虚拟地址时，将虚拟页号匹配 TLB 的每一条目，若命中，则将对应表项存储的物理页号和虚拟地址给出的页内偏移组合为物理地址；若不命中，则先将对应的页表项加载到 TLB 中，再执行命中操作。

TLB 条目由标识和数据两部分组成。标识部分存放的是部分虚拟地址，数据部分存放的是物理页号、存储保护信息及其他辅助信息。虚拟地址与 TLB 条目的映射方式有三种：全关联映射方式、直接映射方式、分组关联映射方式。假设内存页的大小是 8KB，TLB 条目数为 64，采用直接映射方式时的 TLB 变换原理如图 3.37 所示。

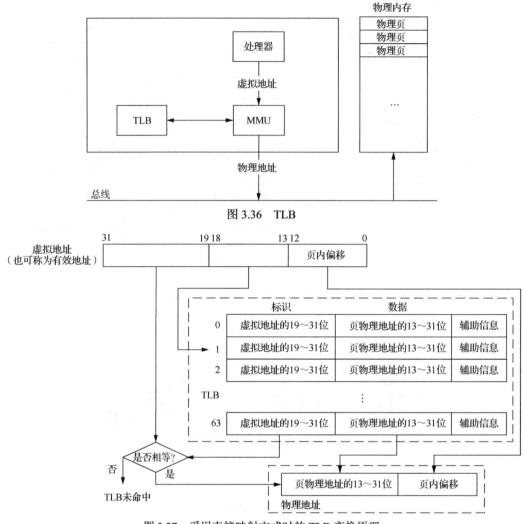

图 3.36 TLB

图 3.37 采用直接映射方式时的 TLB 变换原理

在图 3.37 中，因为内存页的大小是 8KB，所以将虚拟地址的 0～12 位作为页内偏移。因为 TLB 表有 64 行条目，所以将虚拟地址的 13～18 位作为 TLB 条目的索引。假如虚拟地址的 13～18 位是 1，那么就会查询 TLB 的第 1 行，从中取出标识，与虚拟地址的 19～31 位进行比较，如果相等，表示 TLB 命中；反之，表示 TLB 未命中，将需要的页表项加载到 TLB 中。TLB 的命中率其实很高，因为程序最常访问的页是有限的。

3．缓存寻址

处理器使用虚拟地址访问存储器。该虚拟地址分成三个部分，分别是标记域（Tag）、索引域（Index）和偏移域（Offset），经过 TLB 和 MMU 的转换，最终变成了物理地址。

处理器配置了多级缓存来加快数据的访问速度。缓存可以放在处理器（内核）与 MMU 之间，也可以放在 MMU 与物理存储器之间。缓存与 MMU 的位置关系直接决定了缓存的分类：如果缓存相对 MMU 与处理器内核的距离更近，则此类缓存称为逻辑缓存或虚拟缓存；反之，则称为物理缓存，如图 3.38 所示。

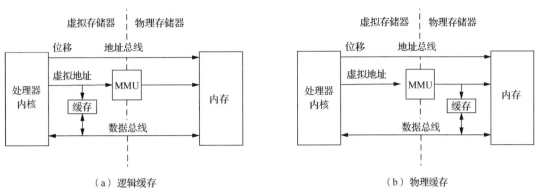

图 3.38　两种缓存

如果处理器使用虚拟地址来寻址缓存，则该缓存称为逻辑缓存。处理器寻址时，首先将虚拟地址发送到逻辑缓存，若在其中寻找到所需数据，就不再访问 TLB 和物理内存。逻辑缓存的工作流程如图 3.39 所示。

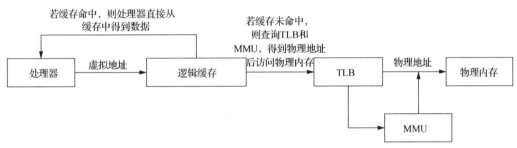

图 3.39　逻辑缓存的工作流程

在设计处理器时便确定了缓存是通过虚拟地址还是物理地址来访问。缓存控制器依据索引和标签来判断是否缓存命中。索引和标签可以源自虚拟地址，也可以源自物理地址，因此存在不同的缓存寻址方式。

当处理器查询 MMU 和 TLB 并得到物理地址之后，使用物理地址查询缓存，这种缓存称为物理缓存。使用物理缓存的缺点是处理器只有在查询 MMU 和 TLB 后才能访问，增加了流水线的延迟时间。物理缓存的工作流程如图 3.40 所示。

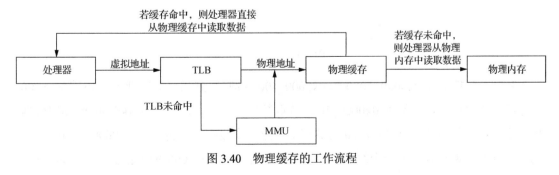

图 3.40　物理缓存的工作流程

（1）虚拟索引虚拟标签。

虚拟索引虚拟标签（Virtual Index Virtual Tag，VIVT）直接使用虚拟地址的索引域和标记域来查找缓存行。其优点是硬件设计简单，提高了访问缓存的速度；缺点是可能会导致别名（Aliasing）和歧义（Ambiguity）问题。现代处理器已经不使用这种方式了。

① 歧义。

歧义是指不同的进程拥有相同的虚拟地址，但所对应的物理页面并不同。当从一个进程切换到另一个进程时，由于新进程使用相同的虚拟地址，因此新进程会访问旧进程遗留下来的缓存，从而读取到旧数据。

例如，有两个独立进程 A 和 B，假设 A 进程的虚拟地址 0x0000_1234 映射到物理地址 0x0000_2000，B 进程的虚拟地址 0x0000_1234 映射到物理地址 0x0000_3000。当 A 进程运行时，访问 0x0000_1234 地址时会将物理地址 0x0000_2000 所对应的数据加载到缓存行中，当从 A 进程切换到 B 进程，而 B 进程访问 0x0000_1234 时，B 进程想得到的是物理地址 0x0000_3000 所对应的数据，却由于缓存命中而得到了物理地址 0x0000_2000 所对应的数据，导致 B 进程访问了错误的数据。

② 别名。

同一物理页映射到不同的虚拟地址，即拥有多个虚拟地址的别名，而不同的虚拟地址会占用不同的缓存行，因此别名使得数据的一致性不能得到保证。在写操作之后，与某一虚拟地址相对应的物理地址上的数据得到了更新，但与此物理地址相对应的其他缓存行中的数据却因虚拟地址不同而未更新，导致它们在缓存命中之后提供的仍是旧数据。

在图 3.41 中，VA1 和 VA2 在缓存中虽然位于两个缓存行，但实际上都映射到内存 PA，当程序向 VA1 中写入数据时，VA1 对应的缓存行及 PA 的内容会被更改，但是 VA2 还保存着旧数据。

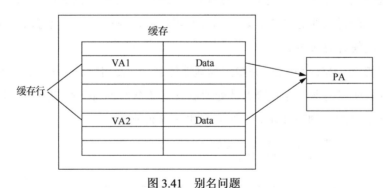

图 3.41 别名问题

例如，虚拟地址 0x0000_1000 和 0x0000_4000 都映射到相同的物理地址 0x0000_8000，这意味着进程既可以从地址 0x0000_1000 读取数据，又可以从地址 0x0000_4000 读取数据。如果进程先访问地址 0x0000_1000 将数据加载进一个缓存行，再访问 0x0000_4000 将相同物理地址的数据加载到另一个缓存行，最后将地址 0x0000_1000 的数据更改，那么当进程再次访问地址 0x0000_4000 时，会由于缓存命中而读取到旧数据，从而造成数据不一致。

（2）物理索引物理标签。

在物理索引物理标签（Physical Index Physical Tag，PIPT）方式下，虚拟地址经过 MMU 转换为物理地址。其使用物理地址的索引位（组号）进行缓存组（Cache Set）的定位，使用物理地址中的标记进行并行比较，确定缓存行所在的位置，如图 3.42 所示。

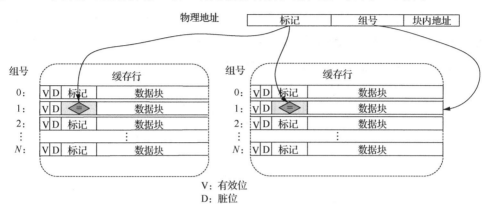

图 3.42　2 路组相联的物理索引物理标签示例

物理索引物理标签不存在歧义和别名问题，基本不需要任何软件维护，但是性能稍差，因为要先经过地址翻译。

（3）虚拟索引物理标签。

虚拟索引物理标签（Virtual Index Physical Tag，VIPT）使用虚拟地址的索引位（组号）直接进行缓存组的定位，同时进行 MMU 转换。定位到缓存组之后，使用物理地址的标记与缓存行的标记进行并行比较，确定缓存行所在的位置，如图 3.43 所示。

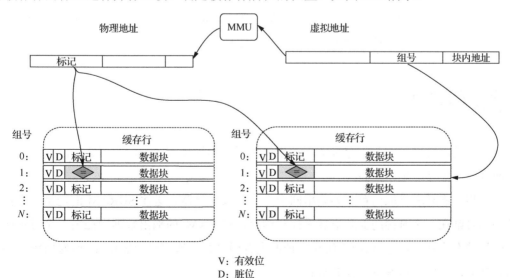

图 3.43　虚拟索引物理标签的过程

虚拟索引物理标签虽不存在歧义问题，但有可能存在别名问题。

不同层次的缓存根据缓存大小、效率要求可能采用不同的缓存寻址方式：一级缓存多采用虚拟索引物理标签；二级缓存及末级缓存（Last Level Cache，LLC）则采用物理索引物理标签。虚拟索引虚拟标签的软件维护成本过高，最难管理。

（4）用户空间和内核空间。

通常情况下，操作系统将虚拟地址划分为用户空间和内核空间，如图 3.44 所示。例如 X86 平台的 Linux 操作系统的虚拟地址是 0x0000_0000～0xFFFF_FFFF，前 3GB（0x0000_0000～0xBFFF_FFFF）是用户空间，后 1GB（0xC000_0000～0xFFFF_FFFF）是内核空间。

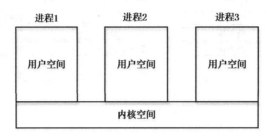

图 3.44　用户空间和内核空间

虽然每个进程各自拥有独立的虚拟内存，但是每个虚拟内存中的内核地址其实关联的都是相同的物理内存，因此，当进程切换到内核态后，便可以很方便地访问内核空间。

用户程序被加载到用户空间后在用户模式下执行，既不能访问内核空间中的数据，又不能跳转去执行内核代码，这样可以保护内核，如果一个进程访问了非法地址，那么最严重的后果是该进程崩溃，不会影响内核和整个系统的稳定性。

处理器在产生中断和异常时，不仅会跳转到中断或异常服务程序，还会自动切换模式，即从用户模式切换为特权模式，因此可以从中断或异常服务程序跳转到内核代码。事实上，整个内核代码就是由各种中断和异常处理程序组成的。

3.3　DRAM

早期的处理器频率与内存频率不同步，需要采用异步方式存取存储器，因吞吐速率受限而导致系统性能难以提高。

同步动态随机存取内存意为采用同步方式存取存储器。送往 SDRAM 的地址、数据和控制信号都在一个时钟的上升沿被采样和锁存，SDRAM 的输出数据则在另一个时钟的上升沿被锁存到输出寄存器。由于仅在时钟的上升沿进行一次写或读操作，故称为 SDR（Single Data Rate，单倍数据速率）SDRAM。

DDR SDRAM 是 SDR SDRAM 的升级版本，在时钟的上升沿和下降沿各传输一次数据，因此 DDR SDRAM 的数据传输速率提高了一倍。DDR SDRAM 有不同的类型，如 DDR2 SDRAM（后文简称 DDR2）、DDR3 SDRAM（后文简称 DDR3）、DDR4 SDRAM（后文简称 DDR4）和 DDR5 SDRAM（后文简称 DDR5）等。

3.3.1 DRAM 存储组织

内存颗粒（Chip）经过组合以后，摆放在 SoC 外部。从 SoC 开始的 DRAM 存储组织，按照层级大小依次为通道（Channel）、内存条，内存颗粒组（Rank）、内存颗粒（Chip）、存储阵列组（Bank）、行/列（Row/Column），如图 3.45 所示。

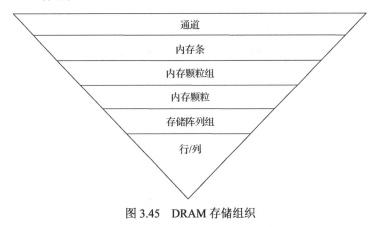

图 3.45　DRAM 存储组织

（1）通道。

芯片内部集成了内存控制器，通过物理层接口（PHY）与外部内存颗粒相连。通道的概念主要是针对单次传输数据量而言的，如果芯片采用 64 位数据线，内存颗粒或内存条也是 64 位，则为单通道；如果内存颗粒或者内存条可以支持 128 位，则为双通道。每个通道都需要配备一组内存控制器，两个通道也可以共享一组内存控制器，如图 3.46 所示。

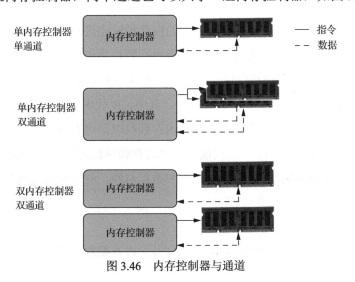

图 3.46　内存控制器与通道

(2) 内存条。

单个内存颗粒往往达不到数据线的宽度，需要将多个内存颗粒组合形成内存条。当多通道的内存条位宽超过数据线的宽度时，可以利用通道间的间插（Interleave）来提高内存带宽。内存条的位宽为条上各内存颗粒的位宽之和，等于数据线的宽度或其倍数。假定各内存颗粒的位宽之和等于 128 位，则可分成两个 64 位，当读取一个 64 位部分时，另一个 64 位部分就不能读取，通常很多厂家分别将这两部分别放在内存条的两面，如图 3.47 所示。

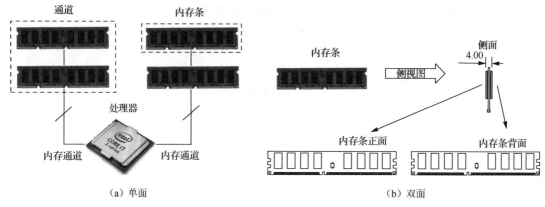

图 3.47　内存条

在 80286 处理器时代，内存颗粒被直接插在主板上，称为双列直插封装（Dual In-line Package，DIP）；到了 80386 处理器时代，换成一片焊有内存颗粒的 PCB，称为单列直插式内存模块（Single In-line Memory Module，SIMM）；到了奔腾处理器时代，又变为双列直插式内存模块（Double In-line Memory Module，DIMM），又称内存条。

(3) 内存颗粒组。

多个内存颗粒并联起来就组成了一个内存颗粒组，如图 3.48 所示。在图 3.48 中，内存条每面有 8 个内存颗粒。同一内存颗粒组中的内存颗粒连接到同一颗芯片的片选端，由内存控制器对这些内存颗粒进行读/写操作。此组内存颗粒协作读取同一个地址，数据则分散在不同内存颗粒上。多内存颗粒组设计可以扩展存储器的容量。

内存条上有标签，如 1R×16、1R×8……。其中，R 代表内存颗粒组；×16、×8 代表内存颗粒的位宽。例如，"1R×16"表示有 1 个内存颗粒组，内存颗粒的位宽是 16 位。

当存在多个内存颗粒组时，一次只能对一个内存颗粒组进行访问和操作。在图 3.49 中，内存颗粒组 1 和内存颗粒组 2 共享地址/命令和数据总线，利用片选线选择要读取的内存颗粒组。

(4) 内存颗粒。

目前，内存控制器通道的位宽大部分是 64 位，内存颗粒的位宽则是 8 位，因此 8 个内存颗粒并联即可满足内存控制器的需求，构成 1 个内存颗粒组。

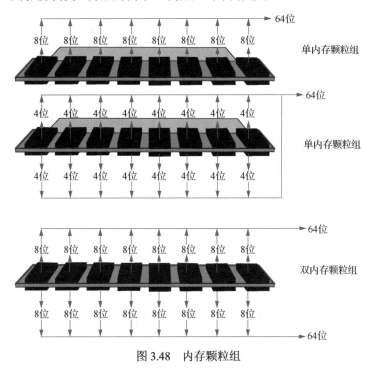

图 3.48 内存颗粒组

在图 3.49 中，内存颗粒的位宽是 16 位，整个内存条分为 2 个内存颗粒组，每个内存颗粒组的内存颗粒数为 4，整个通道共有 8 个内存颗粒。

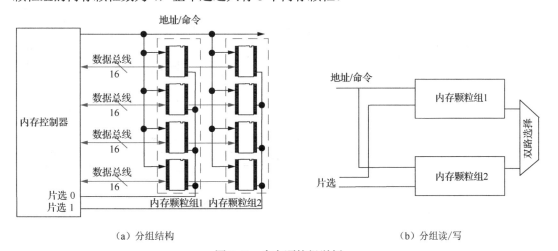

（a）分组结构　　　　　　　　　　　　　　　（b）分组读/写

图 3.49 内存颗粒组举例

（5）存储阵列组。

内存颗粒中的多个存储阵列组成一个存储阵列组，如图 3.50 所示。

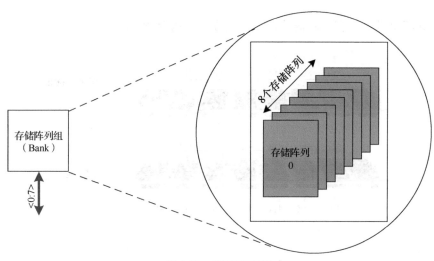

图 3.50 存储阵列组

有些内存颗粒先将存储空间分成多个大块,称其为存储阵列组群(Bank Group),再将一个 Bank Group 分成多个存储阵列组,1 个存储阵列组中包含多个存储阵列。在图 3.51 中,将内存颗粒划分成 4 个 Bank Group,每个 Bank Group 又分成了 4 个存储阵列组,共有 16 个存储阵列组。

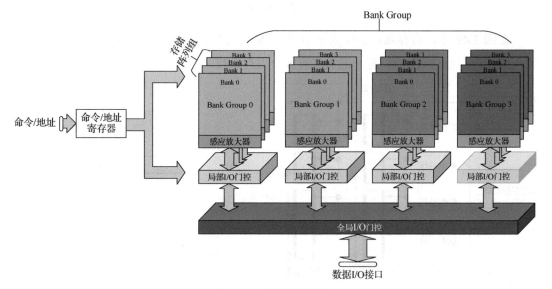

图 3.51 内存颗粒划分

(6)行/列。

存储阵列由行和列构成,行地址和列地址用于寻址存储单元。每个存储阵列的下方有个行缓存(Row Buffer),首先行选择电路根据行地址将对应行的数据存入行缓存,然后列选择电路根据列地址选择行缓存中对应列的数据。

内存颗粒的位宽就是存储阵列组中被选中存储单元的数据位宽,也是存储阵列组中存储阵列的数量，如图 3.52 所示（假定每个存储阵列组中含有 8 个存储阵列）。

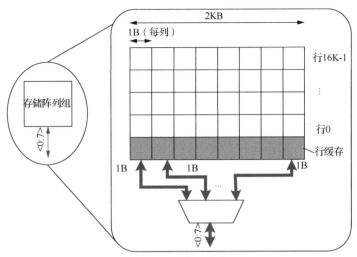

图 3.52　存储阵列组的数据位宽

😀 **DRAM 页大小**

DRAM 页大小是指每行的存储容量，即每一行中的位数。假定列地址的位宽为 10 位，对于×4 器件而言，每一行的位数为 $2^{10} \times 4 = 512B$。同理，×8 器件的页大小为 1KB。

😀 **DRAM 容量计算**

DRAM 容量（DRAM Sizing）的计算公式为

DRAM 容量=行数×列数×存储阵列组的数据位宽×存储阵列组数量×Bank Group 数量

假设 DRAM 有 4 个 Bank Group，每个 Bank Group 含有 4 个存储阵列组，每个存储阵列组的行数为 16 位，列数为 10 位，存储阵列组的数据位宽为 1B，则 DRAM 的容量为 $2^{16} \times 2^{10} \times 1B \times 4 \times 4 = 1GB$。

3.3.2　DRAM 的存储原理

1. DRAM 的基本结构

DRAM 基本单元由一个电容和一个晶体管构成，称为 1-T 结构。图 3.53 中右边的电容 C_{BL} 是控制线 BL 的寄生电容，并非刻意制造于 DRAM 基本单元中。

DRAM 由多个 DRAM 基本单元组成，构成由行和列组成的两维阵列。访问 DRAM 基本单元分两步：先寻找某行，再在选定行中寻找特定列。也就是说，

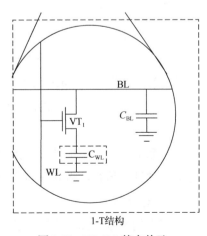

图 3.53　DRAM 基本单元

先从 DRAM 内部读取整行，再根据列地址选择该行中要读取或写入的列。

2．DRAM 的读/写操作

当从 DRAM 基本单元中读取数据时，需要提供待读取数据的地址；当向 DRAM 基本单元写入数据时，除地址外，还需提供待写入的数据。用户提供的地址称为逻辑地址，需将其转换为物理地址后再传输给 DRAM，转换工作通常由 MMU 完成。物理地址由多个域（Field）组成：内存颗粒组、存储阵列组、行、列，用于确定待读取数据或者待写入数据的 DRAM 基本单元的位置，如图 3.54 所示。

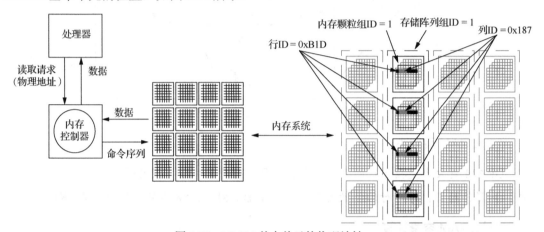

图 3.54　DRAM 基本单元的物理地址

在确定了待读取地址的存储阵列组和存储阵列后，根据行地址将激活（Activate）存储阵列中的一行，将整行数据读出并写入感应放大器（Sense Amplifiers），随后根据列地址从灵敏放大器中读出属于该列的数据，其宽度与 DRAM 列数据的位宽相同。

3．读/写时序

数据的存取以行激活命令开始，然后是读或写命令。

（1）激活。

在进行数据读/写前，内存控制器需要先发送行激活命令（Row Active Command），打开 DRAM 存储阵列中的指定行。行激活命令的时序如图 3.55 所示。

行激活命令的执行分为两个阶段。

① 行感应。

行激活命令通过地址总线指定需要打开的存储阵列的对应行。DRAM 接收到行激活命令后，便打开该行，将其存储的数据读取到感应放大器中，这段操作时间被定义为 t_{RCD}。

② 行恢复。

行中的数据被读取到感应放大器后，需要进行行恢复操作。行恢复操作可以和数据读取同时进行。

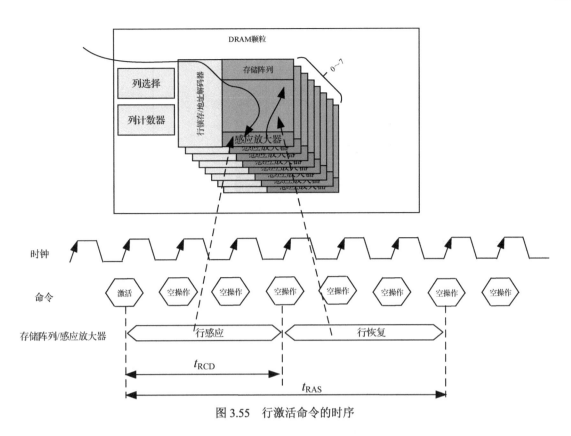

图 3.55 行激活命令的时序

从 DRAM 接收到行激活命令到完成行恢复操作所需要的时间被定义为 t_{RAS}。因此，内存控制器在发出一个行激活命令后，必须要等待 t_{RAS} 时间长度后，才可以发起另一次预充电（Pre-Charge）和行访问（Row Access）。

（2）列读/写。

内存控制器发送行激活命令并等待 t_{RCD} 时间长度后，发送列读取命令（Column Read Command）进行数据读取。列读取命令通过地址总线指定需要读取的列的起始地址。DRAM 在接收到该命令后，将数据从灵敏放大器中通过 I/O 电路传输到数据总线上。从接收到命令到第一组数据传输至数据总线所需时间称为 t_{CAS}，也称为 t_{CL}。因此，DRAM 在接收到列读取命令后，需等待 t_{CL} 时间长度，然后通过数据总线将 n 列数据逐个发送给内存控制器。其中，n 由数据突发长度决定。从发送第一列数据到最后一列数据发出的时间被定义为 t_{CCD}。

数据突发长度为 8 的列读取命令的时序如图 3.56 所示。

内存控制器发送行激活命令并等待 t_{RCD} 时间长度后，再发送列写入命令（Column Write Command），等待 t_{CWD} 时间长度后，才发送待写入的数据。t_{CWD} 也被称为 t_{CWL}。

DRAM 接收完数据后，需要一定的时间将数据写入 DRAM 基本单元，此时间长度被定义为 t_{WR}。

数据突发长度为 8 的列写入命令的时序如图 3.57 所示。

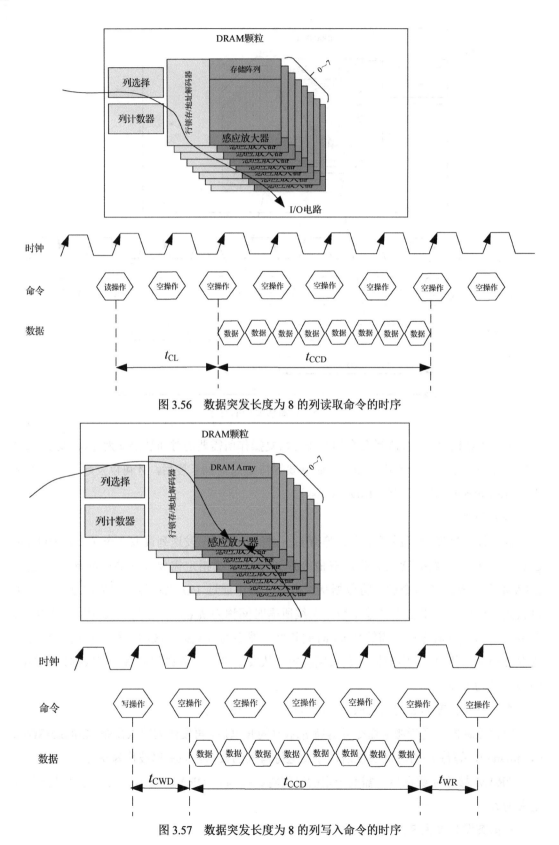

图 3.56　数据突发长度为 8 的列读取命令的时序

图 3.57　数据突发长度为 8 的列写入命令的时序

（3）预充电。

由于 DRAM 的读操作具有破坏性，即读操作会破坏存储单元行中的数据，因此必须在该行读或写操作结束时，将行数据写回同一行，此操作被称为预充电。只有等到完成预充电操作之后，才能访问新的行。DRAM 执行预充电命令（Pre-Charge Command）所需要的时间为 t_{RP}。因此，内存控制器在发送一个行激活命令后，需要等待 t_{RC} 时间长度后，才能发送第二个行激活命令以访问另一行。

图 3.58 所示为预充电命令的时序。

从图 3.58 中可以看到，$t_{RC} = t_{RAS} + t_{RP}$，$t_{RC}$ 的大小决定了访问 DRAM 不同行的性能。

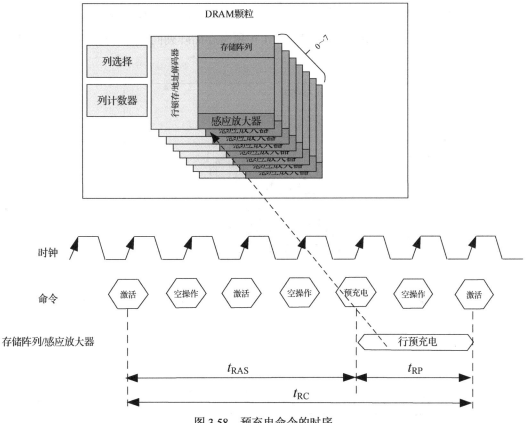

图 3.58 预充电命令的时序

（4）刷新。

DRAM 存在漏电流，即便没有任何 DRAM 操作，该漏电流也会导致电容上的电荷随时间流失。当电荷数量低于阈值时，DRAM 将无法正确地读取所存储的数据。为此，在设计 DRAM 时，加入了刷新机制，以防止数据被破坏。

DRAM 在刷新过程中，先读取原本的数据，将电容电平与参考电平相比较，判断数据的 1/0 值后再将原数据写回。在写回过程中，电容将完全充满电荷（如果数据为 1），犹如进行了一次充电操作。

DRAM 每间隔一段时间需刷新一次，该间隔时间不能太长，否则可能导致刷新时数据电平已无法辨认；间隔时间也不能太短，因为在充电期间不能进行正常读/写，过于频繁的刷新会导致 DRAM 的吞吐性能下降。一般情况下，为了保证 DRAM 数据的有效性，内存控制器每隔 t_{REFI} 时间长度就需要发送一个行刷新命令（Row Refresh Command）给 DRAM 进行刷新操作。DRAM 接收到此命令后，会根据内部刷新计数器（Refresh Counter）的值，对所有存储阵列的一行或多行进行刷新操作。

DRAM 刷新由内存控制器和 DRAM 颗粒内部电路共同实现。该控制器会定时向 DRAM 发出刷新命令，由 DRAM 颗粒内部电路负责完成刷新操作。

DRAM 刷新操作与行激活加预充电（Row Active Command 和 Pre-Charge Command 的组合）类似，差别在于刷新操作是对 DRAM 中所有存储阵列同时进行操作。图 3.59 所示为行刷新命令的时序。

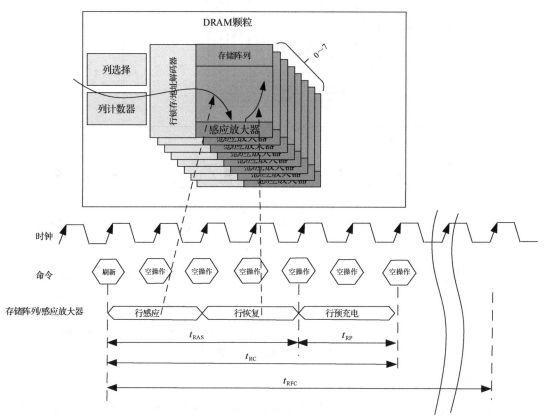

图 3.59　行刷新命令的时序

DRAM 完成刷新操作所需的时间长度为 t_{RFC}。t_{RFC} 包含两部分：一部分是完成刷新操作所需的时间，DRAM 刷新针对所有存储阵列同时进行，比单行激活加预充电操作花费的时间长且消耗的电流大；另一部分是为了降低平均功耗而引入的延时。

（5）自刷新。

当系统异常掉电或进入低功耗模式时，无须内存控制器发出刷新命令，DRAM 也会基于内部定时器进行定时刷新，即所谓的自刷新（Self-Refresh）。

（6）写周期。

一个完整的数据突发长度为 4 的写周期（Write Cycle）时序如图 3.60 所示。

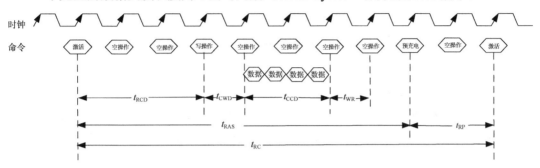

图 3.60　一个完整的数据突发长度为 4 的写周期时序

（7）读周期。

一个完整的数据突发长度为 4 的读周期（Read Cycle）时序如图 3.61 所示。

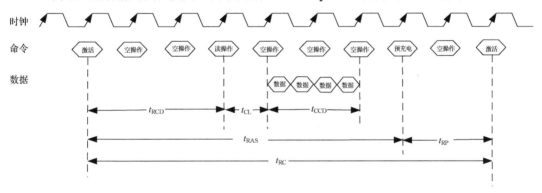

图 3.61　一个完整的数据突发长度为 4 的读周期时序

3.3.3　DDR 技术

1. 预取

首先复习一下内存颗粒位宽的概念。在一个存储阵列中，行地址和列地址交叉选中 1 位，若 2 个存储阵列叠加在一起，则同时选中 2 位，位宽为×2；若 8 个存储阵列叠加在一起，则同时选中 8 位，位宽为×8。因此，对一个×8 位宽的内存颗粒来说，如果给出行地址和列地址，就会同时输出 8 位数据到数据线上，假设处理器的数据位宽为 64 位，则需要 8 个这样的内存颗粒才能提供 64 位数据给处理器。

接下来讨论预取概念。SDR SDRAM 在一个时钟周期内只能传输 1 位数据，即只在时钟的上升沿读/写数据。DDR SDRAM 在一个时钟周期内传输 2 位数据，上升沿传输 1 位，下降沿传输 1 位，但这 2 位数据需要先从存储阵列中预取出来才行，即在一个时钟周期内，同时将相邻列地址的数据一起取出来，并行取出的数据再由列地址选择输出。换句话说，DDR SDRAM 先一次预取 2 位数据，然后在 I/O 时钟的上升沿和下降沿传输出去，这就是 2 位预取技术。在 DDR2 时代，使用了 4 位预取技术，即一次从存储阵列中预取 4 位数据，然后在 I/O 时钟的上升沿和下降沿传输出去，由于 4 位数据需要 2 个时钟周期才能完成传输，所以 DDR2 的 I/O 时钟频率为存储阵列频率的两倍。DDR3 和 DDR4 都使用了 8 位预取技术。

显然，使用预取技术可以使存储阵列适应更高的 I/O 时钟频率。

对于位宽为×n 的内存颗粒，进一步使用 8 位预取技术，虽然存储阵列的工作频率仅为 I/O 时钟频率的四分之一，但可以一次从存储阵列组中取出 $8n$ 位数据，这样 8 位预取就变成了 $8n$ 位预取，如图 3.62 所示。

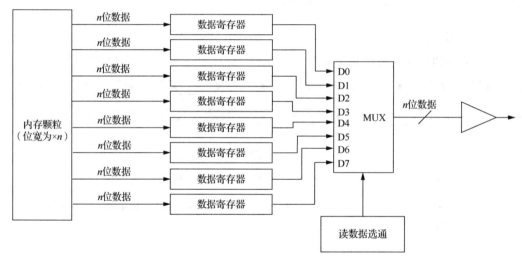

图 3.62　8 倍预取技术的读操作

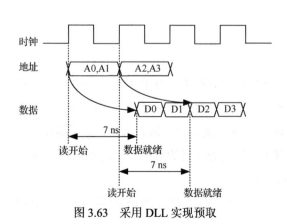

图 3.63　采用 DLL 实现预取

DDR SDRAM 采用延迟锁定环（Delay-Locked Loop，DLL）实现预取。DLL 对主时钟产生固定相位的延迟后被用作数据输出缓冲区的时钟。由于原时钟用于地址采样，而延迟后的时钟驱动数据输出，因此数据读取操作的延迟可以超过 1 个时钟周期。在图 3.63 中，时钟周期为 5ns，而读操作需要延迟 7ns 才进行。DLL 将时钟延迟 2ns，使得突发读操作仍然能够在原时钟下进行。一般而言，采用了 n 位预取技术后，DDR

SDRAM 的访问模式可采用长度为 n 的数据突发模式,即连续读取若干个连续地址的数据。

2. 数据传输速率

相对于传统的 SDR 接口,DDR 接口的最大特点是在时钟的上升沿和下降沿都进行数据传输,从而实现一个时钟周期传输两拍数据,即达到了 DDR。由于单个数据在总线上的有效时间从一个时钟周期降至半个时钟周期,因此 DDR SDRAM 需要满足更严苛的时序要求。

DDR SDRAM 有三种不同的频率指标,分别是核心频率、时钟频率和数据传输速率。

核心频率是指内存单元阵列(Memory Cell Array),即内部电容的刷新频率,为 DDR SDRAM 的真实运行频率;时钟频率是指 I/O 缓冲器(I/O Buffer)的工作频率;数据传输速率则是数据传输位数。

由于预取技术的出现,核心频率与时钟频率之间存在倍频关系,比如 DDR2 的时钟频率约是核心频率的 2 倍,DDR3 的时钟频率约是核心频率的 4 倍,DDR4 的时钟频率约是核心频率的 8 倍,如图 3.64 所示。

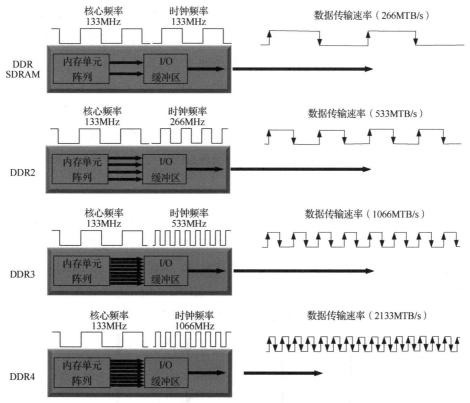

图 3.64 数据传输速率

由于 DDR SDRAM 采用电容作为存储介质,受限于工艺和物理特性,电容充放电时间难以进一步缩短,所以内存单元的读/写频率受到了限制。利用预取技术,结合 I/O 总线时钟频率的增加可以提高数据传输速率。数据传输速率的计算公式如下:

数据传输速率 = I/O 总线时钟频率×数据速率

以 DDR4 SDRAM 为例，其数据传输速率 = $1066×10^6×2$ = 2133Mbit/s。

表 3.1 所示为不同 SDRAM 的数据传输速率。

表 3.1 不同 SDRAM 的数据传输速率

SDRAM 类型	核心频率/MHz	时钟频率/MHz	数据预取	数据传输速率 /MTB·s^{-1}	电压/V
DDR SDRAM	133～200	133～200	$2n$ 位	266～400	2.5
DDR2	133～200	266～400	$4n$ 位	533～800	1.8
DDR3	133～200	533～800	$8n$ 位	1066～1600	1.5
DDR4	133～200	1066～1600	$8n$ 位	2133～3200	1.2
DDR5	133～200	2400～3200	$16n$ 位	4800～6400	1.1

3．差分时钟

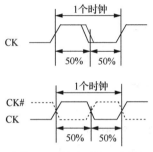

图 3.65 差分时钟示意图

由于数据在时钟 CK 的上升沿和下降沿触发，导致传输周期缩短了一半，因此必须保证传输周期的稳定以确保数据的正确传输，这就要求对 CK 的上升沿和下降沿间距实现精确控制。受温度和电阻性能的改变等因素的影响，CK 的上升沿和下降沿间距可能发生变化，与其反相的 CK#（CKN）变化恰好相反，如 CK 上升快、下降慢，CK#则上升慢、下降快，因此可以起到时钟校准的作用。为此，数据的传输在 CK 与 CK#的交叉点，而非上升沿和下降沿各自的中点进行，如图 3.65 所示。

4．DQS

在传统的同步总线通信中，发送方与接收方约定在公共时钟的边沿采样数据。理论上，数据的读/写时序完全可以由公共时钟来同步，当该时钟在传输过程中出现偏移时，将影响接收方采样，当时钟频率升高后，这种影响尤其明显。为此，可以引入 DQS（数据选通脉冲），使之与数据组成源同步时序，保证数据在接收端被正确锁存，如图 3.66 所示。

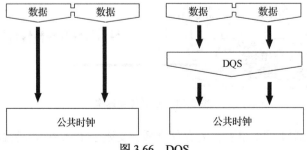

图 3.66 DQS

在读取时，DRAM 同时生成 DQS 和数据信号。由于芯片的预取操作，输出时的同步很难控制，因此数据在各 I/O 端口的出现时间可能有早有晚，与 DQS 之间出现一定的间隔。在读取数据时，分割点为 DQS 的上升沿/下降沿，内存控制器采样数据时，会对数据选通脉冲进行固定相位延迟，产生一个对齐于数据周期中央的延迟数据选通脉冲，实现稳定安全的数据采样，如图 3.67 所示。

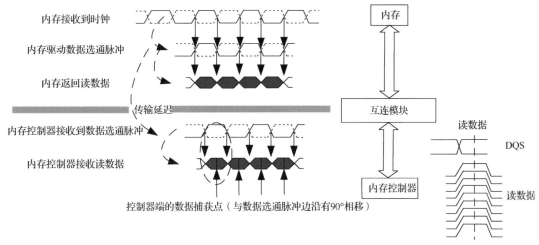

图 3.67　利用 DQS 读取数据

在写入时，DRAM 不再自己生成 DQS，而以发送方传来的 DQS 为基准，以 DQS 的高/低电平中部（而非上升沿/下降沿）作为数据周期分割点。但数据的接收触发仍为 DQS 的上升沿/下降沿，这是因为各数据信号都有一个逻辑电平保持周期，即使发送时不同步，但 DQS 的上升沿/下降沿仍处于逻辑电平保持周期中，此时数据接收触发的准确性最高，如图 3.68 所示。

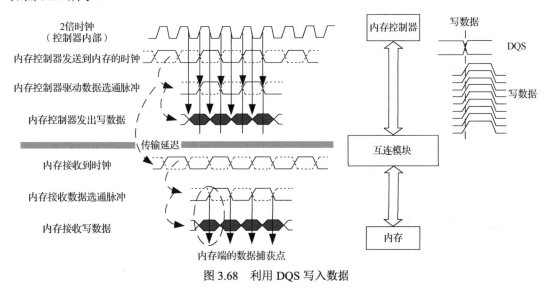

图 3.68　利用 DQS 写入数据

在发出写入命令后，写数据选通信号（WDQS）和写入数据要等一段时间才会送达，这个周期被称为WDQS相对于写入命令的延迟时间（tDQSS）。tDQSS是DDR SDRAM写入操作的一个重要参数，一般是±0.25T，即WDQS可以超前或滞后最多1/4个时钟周期，如图3.69所示。

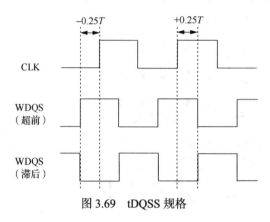

图3.69 tDQSS规格

DQS可以是单端或差分形式，如图3.70所示。

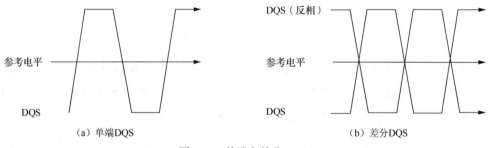

图3.70 单端和差分DQS

5. 端接技术

当数据线与芯片连接点的阻抗不一致时，电信号会因发生反射而成为噪声，其在高速电路中的影响很大。在图3.71中，总线上有两个DRAM：一个用于接收信号；另一个用于反射信号。反射信号会影响接收信号的DRAM。目前，支持DDR的主板都是通过端接电阻来解决这个问题的。每根数据线至少需要一个端接电阻，致使支持DDR的主板需要大量端接电阻，无形中增加了主板的生产成本，而且不同的内存模组对端接电阻的要求可能不完全一样，存在所谓的"内存兼容性"问题。

内存颗粒常用的端接技术有串行端接技术、并行端接技术、片内端接（On-Die Termination，ODT）技术。

① 串行端接技术。

串行端接技术主要应用在负载内存颗粒不大于4个的情况下。对于双向I/O信号，串行端接电阻放置在数据线中间，用于抑制振铃、过冲和下冲；对于单向信号（如地址信号、控制信号等），串行端接电阻可放置在数据线中间或者信号的发送端，一般推荐放置在信号的发送端。

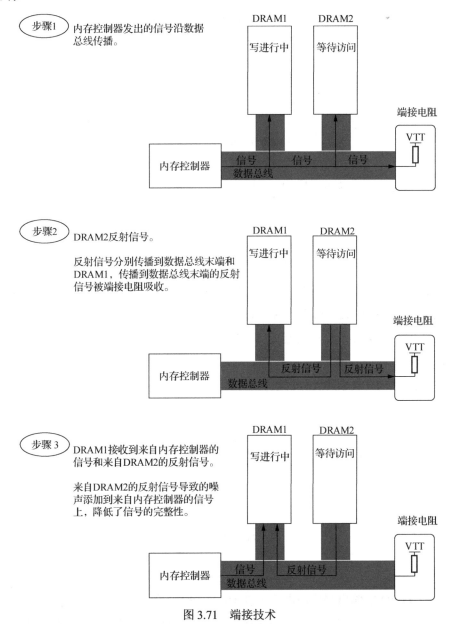

图 3.71 端接技术

② 并行端接技术。

并行端接技术主要应用在负载内存颗粒大于 4 个、数据线长度大于 5cm 或者通过仿真验证需要并行端接的情况下。

③ ODT 技术。

从 DDR2 开始，主板上的端接电阻被移植到了内存芯片内部，如图 3.72 所示。内存芯片工作时，系统会将端接电阻屏蔽；内存芯片暂时不工作时，系统会打开端接电阻以减少信号的反射。因此，DDR2 内存控制器不仅可以通过 ODT 同时管理所有内存芯片引脚的信号端接，还可以根据系统内干扰信号的强度自动调整端接电阻的阻值大小。

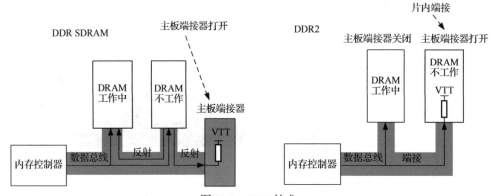

图 3.72　ODT 技术

ODT 技术的优势非常明显。第一，去掉了主板上的端接电阻等元件，简化了主板设计，大大降低了主板的生产成本；第二，可以快速开启和关闭内存芯片，大大减少了内存芯片闲置时的功率消耗；第三，内存芯片内部的端接电阻比主板上端接电阻的作用更为及时有效，将减少内存芯片的延迟等待时间，使得进一步提高 DDR 芯片的工作频率成为可能。

在图 3.73 中，DDR SDRAM 的上拉端接电阻 R_{TT} 是阻值可调的。

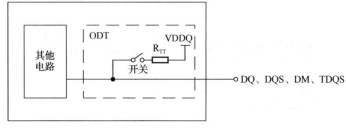

图 3.73　ODT 示意图

6. OCD

传统上，GPIO 的输出强度用电流来表示，DDR I/O 用输出阻抗来表示。当输出阻抗变化时，输出信号达到任何规定值所需的转换时间（上升时间或下降时间）也会改变，如图 3.74 所示。通过 OCD（Off-Chip Driver，离线驱动调校）操作来减少数据、DQS 的倾斜，可提高信号的完整性及控制电压，进而提高信号品质。

OCD 通过调整输出阻抗（上拉/下拉）来调整 DQS 与数据信号（DQ）之间的同步，以确保信号的完整性与可靠性，如图 3.75 所示。一般情况下，OCD 对应用环境稳定程度的要求并不太高，只要存在差分 DQS 就基本可以保证同步的准确性，而且 OCD 对其他操作也有一定影响。OCD 功能主要体现在对数据完整性非常敏感的服务器等高端产品领域。

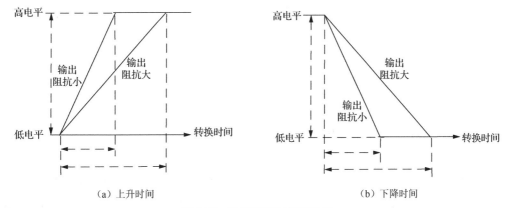

图 3.74　输出阻抗与转换时间

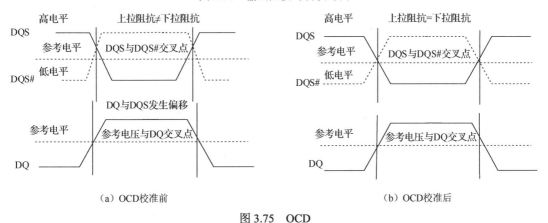

图 3.75　OCD

7. 校准

为了提高信号的完整性并增强输出信号的强度，DDR 内存芯片引入了端接电阻和输出驱动器，当温度和电压发生变化时，需要对它们进行校准（Calibration）以保持信号的完整性。未经校准的端接电阻会直接影响信号质量，而调整不当的输出驱动器则会使有效信号跃迁，偏离参考电平，从而导致数据和 DQS 之间出现偏差。

DDR 内存芯片使用一个外接精密电阻，通过片上校准引擎（On-Die Calibration Engine，ODCE）来自动校验数据输出驱动器导通电阻和 ODT 电阻的阻值，使其不因工艺制程偏差（Process Variation）而产生较大差异。在图 3.76 中，DDR3 内部有一个 240Ω 电阻，采用 CMOS 工艺制成，其阻值会跟随 PTV（制程、温度和电压）变化，因此必须对其进行校准。由于 DDR3 的 ZQ 端外接一个 240(1+1%)Ω 电阻作为参考电阻（R_{ZQ}），对 DDR3 内部的 240Ω 电阻进行校准时都会采用该参考电阻，因此校准是分时进行的。

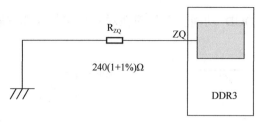

图 3.76 ZQ 校准

8．拓扑结构

DDR SDRAM 控制器与 DRAM 颗粒之间共有两组信号，分别为时钟/命令/地址和数据。

DRAM 组件（如双列直插式存储器模块、内存条等）由多个 DRAM 颗粒组成。数据连接至各自的 DRAM 颗粒即可，而时钟/命令/地址需要复制多份，连接至每个 DRAM 颗粒。在图 3.77 中，DIMM 内存条包括两个×16 DRAM 颗粒，内存控制器的数据划分为两部分，分别连接至两个 DRAM 颗粒。时钟/命令/地址被复制为两份以驱动两个 DRAM 颗粒。

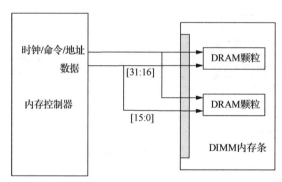

图 3.77 DIMM 内存条

① T 型拓扑结构。

T 型拓扑结构如图 3.78 所示。在 DDR3 应用中，时钟/命令/地址信号（CLK/CMD/ADD）连接采用平衡树（Balance Tree）架构，从内存控制器发出到达所有 DDR3 芯片，距离等长意味着经历相同的延迟，会导致同步开关噪声（Simultaneous Switching Noise，SSN）叠加在一起，影响时钟的信号完整性（Signal Integrity，SI），降低 DRAM 颗粒的运行频率，不适合高速应用。此外，一个包含 N 个 DDR3 芯片的内存条需要 N 个命令地址和时钟接口。数据总线连接采用星型拓扑结构，即多路数据分别从内存控制器发出，送至各个 DRAM 颗粒，此时内存控制器与 DRAM 颗粒之间存在大量的信号线连接，接口太多使得 DIMM 内存条的成本上升。

② fly-by 拓扑结构。

从 DDR3 芯片开始，时钟/命令/地址信号（CLK/CMD/ADD）采用了 fly-by 拓扑结构，即信号布线依次经过每一个 DRAM 颗粒。相对于 T 型拓扑结构，fly-by 拓扑结构减少了命令和地址总线在 DIMM 内存条上的接口，有助于降低同步开关噪声，改善信号完整性，较适合高速应用，但信号到达每个 DRAM 颗粒的时间存在差异，造成系统在设计时难以让每个 DRAM 颗粒都符合 tDQSS 规格。数据信号（DQ/DQS）依然采用星型拓扑结构（点对点架构）。如图 3.79 所示，系统中共有 4 个 DRAM 颗粒使用 fly-by 拓扑结构，时钟/命令/地址信号从内存控制器送出后，先抵达第 1 个 DRAM 颗粒，再到第 2 个、第 3 个，最后才抵达第 4 个 DRAM 颗粒。

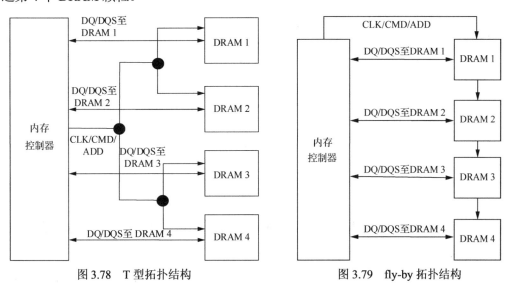

图 3.78　T 型拓扑结构　　　　　　图 3.79　fly-by 拓扑结构

9. 写入均衡

在 fly-by 拓扑结构中，由于时钟/命令/地址信号在到达每个 DRAM 颗粒时传输的距离不一，导致时间有很大差异，但是数据信号到达每个 DRAM 颗粒的时间却很接近，因此每个 DRAM 颗粒的时钟与数据的偏差不一致。

单个 DRAM 颗粒的时钟与其数据之间的偏差一般为固定的走线偏差，内存控制器采用调整时钟或者数据的延迟链来补偿偏差。但对于由多个 DRAM 颗粒组成的系统而言，每个 DRAM 颗粒的时钟-数据偏差不同，而内存控制器无法确认每个 DRAM 颗粒时钟-数据偏差的大小，因此内存控制器无法在整个内存条（DRAM 系统）层面上保持 tDQSS、tDSS、tDSH 等时序参数。

在图 3.80 中，两个 DRAM 颗粒的数据信号几乎同时到达，但时钟有一定的偏差，即便调整 DRAM0 的 DQS 延迟，使 DRAM0 可以完成数据采样，DRAM1 仍然无法完成数据采样。

如果 DRAM 颗粒的类型、信号线的长度、DRAM 颗粒间的拓扑关系都固定，那么内存控制器可以使用提前设定的参数，即可以保持 tDQSS、tDSS、tDSH 等时序参数，无须写入均衡（Write Leveling）。此情况一般出现在定制的嵌入式系统中，如苹果手机处理器芯片只提供给自家产品使用，无须适配第三方客户设计，其量产产品基本上使用一种 PCB 设计，走线延迟可知，而且 DRAM 颗粒型号单一，因此涉及 DDR 时钟、数据的延迟因素都事先可知，只需将有关参数写入 DDR 驱动按需使用即可。与此相应，Intel 处理器芯片需要适配几十家厂商、上百种主板、上百种 DIMM 内存条、几十种 DRAM 颗粒类型，穷举这些参数并将其固定在驱动中很困难，也容易过时。

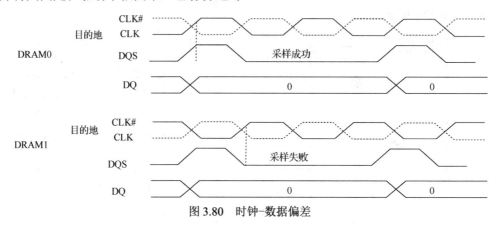

图 3.80　时钟-数据偏差

为此，需要对 DRAM 写入均衡，即针对每个 DRAM 颗粒分别训练时钟与数据之间的偏差补偿，其中时钟选取 CLK 本身，数据选取 DQS。

在初始设定系统时，先让 DRAM 颗粒进入写入均衡模式。内存控制器持续送出 CLK 和 DQS，观察 DRAM 颗粒返回的数据信号 DQ 的变化，再调整送出 DQS 的时间。反复操作，直到数据信号产生 0 到 1 的转态，代表 CLK 与 DQS 的边缘已经对齐，即完成了写入均衡校正，达到了 tDQSS 规格，如图 3.81 所示。

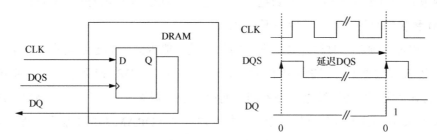

图 3.81　写入均衡原理

从 DDR3 开始，写入均衡会针对每个 DRAM 芯片进行 CLK 与 DQS 之间的相位调整。当系统中 DRAM 颗粒的数量少至一两个时，内存控制器可不支持写入均衡，而由 PCB 设计来满足 tDQSS 规格。但当系统中 DRAM 颗粒的数量较多时，内存控制器就需要支持写入均衡。

3.4 闪存

闪存是 SoC 的常用外存。芯片外存虽然不占用处理器的地址空间,但访问速度较慢,访问时序也较复杂。

闪存结合了 ROM 和 RAM 的优点,不仅具备电子可擦除可编程的性能,还能保证断电后不丢失数据且快速读取数据。在嵌入式系统中,闪存广泛用于存储启动程序(Bootloader)、操作系统和程序代码,或者直接作为硬盘使用。

闪存编程时只能将 1 写为 0,不能将 0 写为 1,所以在编程之前,必须将对应的块擦除,即将所有位都写为 1。NOR 闪存可以只擦写一个字,NAND 闪存则需要擦写整个块。此外,闪存的擦写次数有限,当接近其使用寿命时,其内部存放的数据虽然可读,但写操作经常失败,因此不能对某个特定的区域反复进行写操作。

(1)同步与异步模式。

闪存操作有两种模式:同步(Synchronous)模式和异步(Asynchronous)模式,如图 3.82 所示。

① 同步模式。

在同步模式下,数据通过时钟来锁存。同步模式对闪存的品质要求较高,源时钟与锁存信息不对应会导致数据采样不准确。

② 异步模式。

在异步模式下,数据通过写使能/读使能(WEN/REN)来锁存,不需要利用时钟进行同步。采用差分信号可以大幅度提高信号的准确性。

图 3.82 同步与异步模式

(2)SDR 和 DDR。

闪存可工作在两种速率模式下:SDR 和 DDR,如图 3.83 所示。

① SDR。

SDR 是指读/写数据使用使能信号的上升沿或下降沿来触发,对信号准确性的要求较低。

② DDR。

DDR 是指读/写数据使用 DQS 的跳变沿来触发，对信号准确性的要求较高，可以通过增加同步时钟信号来提高信号的准确性。

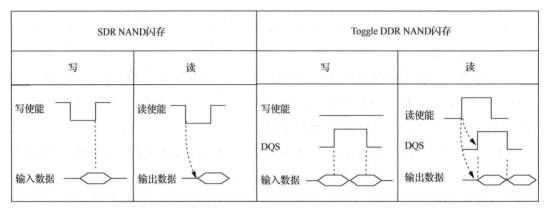

图 3.83 SDR 和 DDR

3.4.1 NOR 闪存

NOR 闪存是随机存储介质，应用程序对其的操作以"字"为基本单位。假定向 NOR 闪存写入一个字需要 10μs，那么在 32 位总线上写 512B 就需要 1280μs。为了方便对大容量 NOR 闪存的管理，通常将其内存分成大小为 128KB 或 64KB 的逻辑块，有时逻辑块内还分扇区。进行读/写操作时需要同时指定逻辑块号和块内偏移。

（1）NOR 闪存的接口。

NOR 闪存的接口简单，一般用于数据量较小和可靠性要求较高的场合。

早期 NOR 闪存采用并行接口，数据线和地址线并排与芯片引脚连接。并行 NOR 闪存连接到主设备（Host）的控制器，所存储的内容可以直接映射到处理器的地址空间，不需要复制到片上 RAM 中即可被处理器访问。不同容量的 NOR 闪存，其数据线和地址线的数量不同，硬件上不兼容且封装比较大，会占用较大的 PCB 面积，所以已被串行 NOR 闪存（如 SPI NOR 闪存）所取代。NOR 闪存的接口如图 3.84 所示。

SPI 闪存是使用 SPI 通信的闪存，可以是 NOR 或者 NAND 类型，通常专指 SPI NOR 闪存。SPI NOR 闪存只需要 6 个引脚就能够实现单 I/O（标准 SPI 闪存）、双 I/O（Dual-SPI）和 4 个 I/O（Quad-SPI）的接口通信。在相同时钟下，I/O 数越多，数据传输速率越高。在图 3.85 中，SoC 通过 Quad-SPI 与 SPI DDR NOR 闪存相连。

（2）NOR 闪存的代码执行。

在嵌入式系统中，执行代码有以下两种方式。

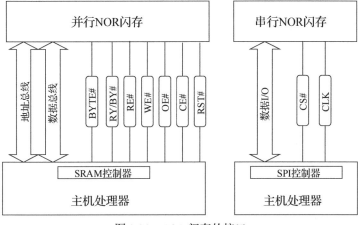

图 3.84　NOR 闪存的接口

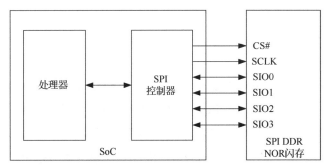

图 3.85　Quad-SPI NOR 闪存系统

① 存储和下载。

程序代码存储在非易失性存储器中，其在启动过程中被复制到具有更高吞吐量的片上内存（RAM），并从那里开始执行，如图 3.86 所示。当整个程序占用的空间大于 RAM 的可用空间时，需要以块的形式加载代码。由于传输的数据量可能达到数兆字节，因此维持突发传输速率非常关键，其决定了 NOR 闪存总线连续传输大数据块的能力。一旦程序开始执行，每当需要加载新代码块时，系统性能就会受到影响。

② 就地执行。

就地执行（eXecute In Place，XIP）是指不将数据加载到内存，直接在闪存内进行加载，也称片内执行或原地执行，如图 3.87 所示。比如芯片上电后，内存还没有配置，由于闪存具有非易失性存储的特性，用户的一些设置选择可以被长期保留下来，因此可以将闪存充当内存使用。就地执行并不意味着直接在闪存内执行操作，而是满足处理器执行取址译码操作。对 NOR 闪存而言，在处理器给出地址后，NOR 闪存能够马上返回数据给处理器，不需要执行额外操作。就地执行模式通常用于引导加载程序，就地执行程序是设置系统 RAM 和加载引导加载程序其他部分的最小程序。

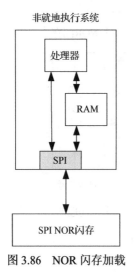
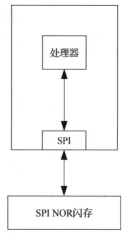

图 3.86　NOR 闪存加载　　　　　　　　图 3.87　闪存就地执行

3.4.2　NAND 闪存

根据单个存储单元内存储的数据位数不同，NAND 闪存可以分为单层单元（Single-Level Cell，SLC）、多层单元（Multi-Level Cell，MLC）和三层单元（Triple-Level Cell，TLC）三类，如图 3.88 所示。单层单元意味着每个存储单元只能存储 1 位，多层单元可以存储 2 位。单个存储单元内存储的位越多，读/写性能越差，使用寿命越短，成本越低。

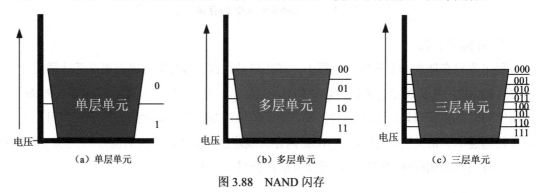

图 3.88　NAND 闪存

当 8 个或者 16 个存储单元连在一起成为 Bit Line 时，NAND 闪存的位宽为字节（×8）或者字（×16）。

NAND 闪存是连续存储介质，适合存储大量数据，使用块和页两级存储体系，通过复用的 I/O 接口发送命令和地址来访问内部数据。其整体架构如图 3.89 所示。应用程序以"块"为基本单位进行闪存操作，块比较小，一般是 8KB，每块又分成页，每页通常是 512B。若要修改 NAND 闪存中的一字节，则必须重写整个页，即每次先将 1B 数据放入内部缓存区，然后发出"写指令"进行写操作，因此写 512B 数据需要的时间为 512B×50ns/B+10μs（寻页时间）+200μs（片擦写时间）=235.6μs。当进行大批量数据的读/写时，NAND 闪存的速度要快于 NOR 闪存。

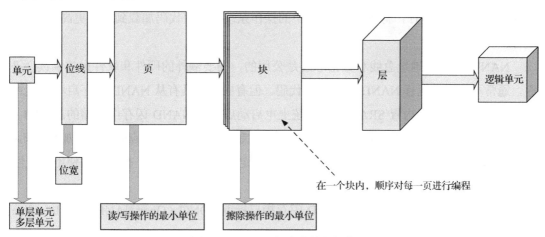

图 3.89　NAND 闪存的整体架构

（1）嵌入式系统启动架构。

NOR 闪存具有就地执行特点，在嵌入式系统中常作为存放启动代码的首选。嵌入式系统的启动架构可细分为只使用 NOR 闪存的启动架构和配合使用 NOR 闪存与 NAND 闪存的启动架构，如图 3.90 所示。

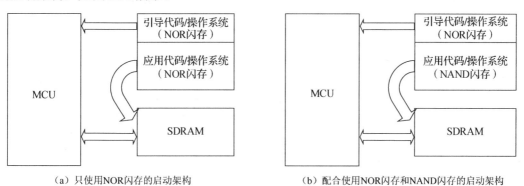

（a）只使用NOR闪存的启动架构　　　　（b）配合使用NOR闪存和NAND闪存的启动架构

图 3.90　启动架构

只使用 NOR 闪存启动嵌入式系统时，引导代码、操作系统和应用代码共存于同一块 NOR 闪存中。嵌入式系统上电后，引导代码首先在 NOR 闪存中运行，然后将操作系统和应用代码加载到速度更高的内存中运行。该架构是当前嵌入式系统中应用最广泛的启动架构之一。

对于代码量较大的应用程序来说，只使用 NOR 闪存的启动架构会增加产品的成本投入，因此可采用配合使用 NOR 闪存和 NAND 闪存的启动架构来改进。该架构中附加了一块 NAND 闪存，NOR 闪存（2MB 或 4MB）中存放引导代码，操作系统可以根据代码量的大小选择存放于 NOR 闪存或者 NAND 闪存，而 NAND 闪存中存放应用代码，可以根据存放的应用代码量对 NAND 闪存的存储容量做出相应调整。嵌入式系统上电后，引导代码直接在 NOR 闪存中运行，将 NAND 闪存中的操作系统和应用代码加载到速度更高的内存中运行。

NAND 闪存的地址总线和数据总线是公用的，需要额外的硬件和软件来控制读/写时序，通常不能直接运行 NAND 闪存上的代码。但有些芯片具有从 NAND 闪存启动的模式，其工作原理是芯片中内置 SRAM，当系统上电启动后，将 NAND 闪存中存储的前 4KB 代码复制到内存中，然后开始运行该段代码，从而完成对操作系统和应用程序的加载。此模式需要芯片内部有 NAND 控制器，同时要提供一定容量的内存空间，有一定的使用局限性。

（2）NAND 闪存接口标准。

目前，业界采用两种主流的 NAND 闪存接口标准：ONFI（Open NAND Flash Interface）和 Toggle Mode DDR，如图 3.91 所示。

ONFI 是 Intel（英特尔）、Micro（美光）和 Hynix（海力士）等于 2006 年共同创建的一个 NAND 闪存接口标准，并于当年发布 ONFI 1.0，支持 SDR。ONFI 2.0 增加了 NV-DDR 模式，支持 DDR，使用同步时钟控制。ONFI 3.0 增加了 NV-DDR2 模式。ONFI 4.0 增加了 NV-DDR3 模式。

Toggle Mode DDR 是 Samsung（三星）和 Toshiba（东芝）以 DDR 为基础制定的 NAND 闪存接口标准。

ONFI	
标准	传输带宽/(MT·s^{-1})
无标准	40
ONFI 1.0 NV-SDR	50
ONFI 2.0 NV-DDR	133
ONFI 2.1-2.3 NV-DDR	200
ONFI 3.0-3.1 NV-DDR2	400
ONFI 3.2 NV-DDR2	533
ONFI 4.0 NV-DDR3	800
ONFI 4.1 NV-DDR3	1200
ONFI 4.2 NV-DDR3	1600
ONFI 5.0 NV-LPDDR4	2400
ONFI 5.1 NV-LPDDR4	3600

Toggle Mode DDR	
标准	传输带宽/(MT·s^{-1})
Toggle 1.0	133
Toggle 2.0	400
Toggle 3.0	800
Toggle 4.0	1600
Toggle 5.0	2000
Toggle 6.0	2000+

图 3.91 NAND 闪存接口标准

两种接口标准大部分都一样，不同之处在于 Toggle Mode DDR 在同步模式下没有时钟，写数据时，用 DQS 差分信号边沿触发；读数据时，请求由主机利用 REN 差分信号跳变沿发出，在 DQS 跳变沿输出数据。ONFI 在同步模式下有时钟，数据、命令、地址都要与时钟同步，但是 DQS、时钟都不是差分信号，边沿易受干扰。ONFI 3.0 中的 NV-DDR2 模式与 Toggle Mode DDR 相同，不再使用时钟，而使用 DQS 和 REN 差分信号。

（3）NAND 闪存控制器。

相比于 NOR 闪存，NAND 闪存更可能发生比特翻转，必须采用 EDC/ECC（检错码/纠错码）算法；同时频繁使用 NAND 闪存也会渐渐产生坏块，需要平衡各块的擦写及为可能的坏块寻找替换块。这通常需要一个特殊的软件层，来实现坏块管理、擦写均衡、ECC、垃圾回收等功能，这个层称为 FTL（Flash Translation Layer，闪存转换层）。NAND 闪存控制器与 NAND 闪存相结合可以形成三种不同配置，如图 3.92 所示。

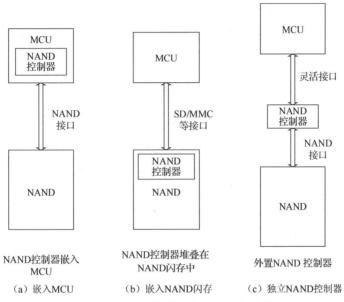

图 3.92　NAND 闪存控制器与 NAND 闪存的配置

SPI NAND 闪存的存储架构是在原并行 NAND 闪存的基础上内置了 ECC 单元和 SPI 接口转换单元，因此省掉了 MCU 的 ECC 功能，以方便使用，如图 3.93 所示。

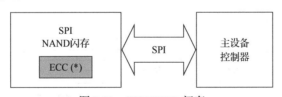

图 3.93　SPI NAND 闪存

（4）NOR 闪存与 NAND 闪存的比较。

NOR 闪存的存储容量一般较小，通常在 1～8MB 之间，NAND 闪存只用在 8MB 以上的产品中。因此，NOR 闪存适合存储代码，用于对数据可靠性要求较高的代码存储、通信产品、网络处理等领域，被称为代码闪存；NAND 闪存适用于资料存储，用于对存储容量要求较高的 MP3、存储卡、U 盘等领域，被称为数据闪存。

NOR 闪存的读速度比 NAND 闪存稍快一些，NAND 闪存的擦除和写速度要快得多。NOR 闪存带有 SRAM 接口，易于存取其内部的每一个字节，NAND 闪存的地址总线、数据总线是公用的，随机读取能力差，适合大量数据的连续读取。

NAND 闪存中每个块的最大擦写次数可达一百万次，NOR 闪存的最大擦写次数为十万次，因此理论上 NAND 闪存的可擦写次数高得多。

3.4.3 闪存卡

闪存卡是利用闪存技术存储电子信息的存储器，一般在小型数码产品中作为存储介质使用，因外观小巧，犹如一张卡片而称为闪存卡。根据生产厂商和应用不同，闪存卡可分为多媒体卡（Multi Media Card，MMC）、数据安全记忆（Secure Digital，SD）卡等。

1．闪存卡总线接口

内存控制器使用多种总线接口，如 SPI 总线接口、MMC 总线接口、SD 总线接口和 UHS（Ultra-High Speed，超高速）总线接口等对闪存卡进行读/写操作。

（1）SPI 总线接口。

SPI 总线接口对硬件的要求较低，广泛用于对读卡速度要求不高的低端场合。

标准的 4 线制 SPI 总线接口有 4 根数据线：CLK、MOSI、MISO 和 CS，可以实现数据的全双工传输，如图 3.94 所示。各数据线的作用如下。

① CLK：输入时钟。
② MOSI：数据从主机输出，从从机输入。
③ MISO：数据从主机输入，从从机输出。
④ CS：选择从机，低电平有效。

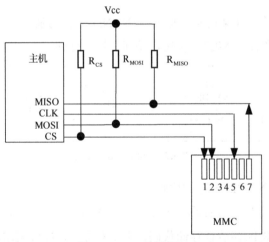

图 3.94　SPI 总线接口

（2）MMC 总线接口。

MMC 总线接口包括时钟线（CLK）、命令线（CMD）和数据线（DATA），如图 3.95 所示，它们传输的信号如下。

① CLK：时钟，输入信号。

② CMD：命令，双向信号。

③ DATA：数据，双向信号。

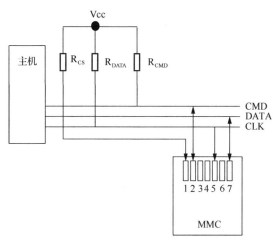

图 3.95　MMC 总线接口

（3）SD 总线接口。

SD 总线接口包括时钟线（CLK）、命令/响应线（CMD）和数据线（DAT），其中数据线可以是 1 位或 4 位，如图 3.96 所示。它们传输的信号如下。

① CLK：时钟，输入信号。

② CMD：命令/响应，双向信号。

③ DAT0～DAT3：数据，双向信号。

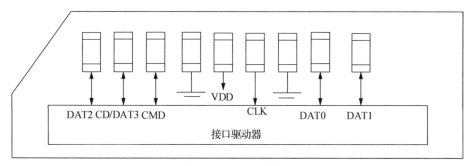

图 3.96　SD 总线接口

（4）UHS 总线接口。

UHS 总线接口已有三代：UHS-I、UHS-II 和 UHS-III。以 UHS-II 物理层接口为例，其有三条通道：RCLK、D0、D1。其中，RCLK 为参考时钟通道，D0（下行）和 D1（上行）为高速数据通道，如图 3.97 所示。RCLK 提供参考时钟，以保证器件的基础频率和相位稳定，器件内部会通过倍频电路产生高频。

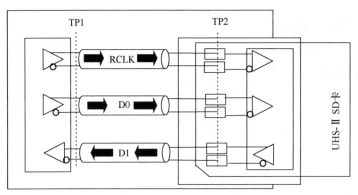

图 3.97　UHS-II 物理层接口

2. MMC

MMC 协议定义了卡的形状、尺寸、通信协议等内容，符合 MMC 协议的卡称为 MMC，即多媒体卡。MMC 用于存储数据，适用于移动电话、数字影像及其他移动设备。MMC 支持两种模式：SPI 模式和 MMC 模式，目前市面上已经很难见到 MMC 了，广泛使用的是 eMMC（embedded Multi Media Card）。

eMMC 是由 NAND 闪存、闪存控制器和 MMC 接口集成，采用 JEDEC（固态技术协会）BGA 封装技术的存储芯片，其整体架构如图 3.98 所示。

当 NAND 闪存直接连接主机时，主机处理器通常需要有 NFTL（NAND Flash Translation Layer）或者 NAND 闪存文件系统来实现坏块管理、擦写均衡等功能。eMMC 在内部集成了一个闪存控制器用于闪存管理，完成 ECC、闪存平均擦写、坏块管理和掉电保护等，如图 3.99 所示。eMMC 可以降低主机端软件的复杂度。除此之外，eMMC 采用了缓存、存储阵列等技术，在读/写性能上比 NAND 闪存好很多。eMMC 引脚的定义如表 3.2 所示。

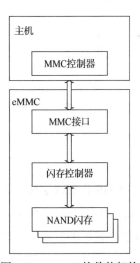

图 3.98　eMMC 的整体架构

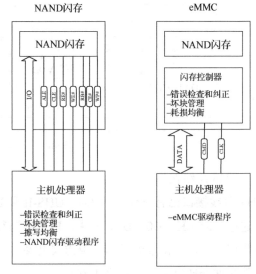

图 3.99　NAND 闪存与 eMMC

表 3.2 eMMC 引脚的定义

名称	类型	描述
CLK	输入	时钟
DS	输出/推挽	数据选通
DAT0	输入/输出/推挽	数据
DAT1	输入/输出/推挽	数据
DAT2	输入/输出/推挽	数据
DAT3	输入/输出/推挽	数据
DAT4	输入/输出/推挽	数据
DAT5	输入/输出/推挽	数据
DAT6	输入/输出/推挽	数据
DAT7	输入/输出/推挽	数据
CMD	输入/输出/推挽/开漏	命令/响应
RST_n	输入	硬件复位
VCC	电源或地	内核电源
VCCQ	电源或地	I/O 电源
VSS	电源或地	内核地
VSSQ	电源或地	I/O 地

eMMC 与主机之间的连接如图 3.100 所示。

3．SD 卡

SD 卡是在 MMC 的基础上实现了安全功能的另一种记忆设备，注重数据的安全性，可以设定使用权限，防止数据被他人复制，数据传输速度比 MMC 快，如图 3.101 所示。目前，SD 卡在移动设备上普遍使用，其具有不同的尺寸或形状，包括 Standard SD 卡、Mini SD 卡和 Micro SD 卡。

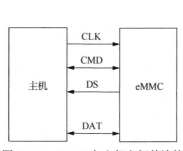

图 3.100 eMMC 与主机之间的连接

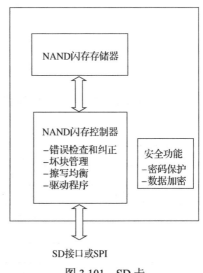

图 3.101 SD 卡

SD 卡包括存储器核、存储器核接口、上电检测单元、卡接口控制器，以及接口驱动器 5 部分。存储器核是存储数据的部件，通过存储器核接口与卡接口控制器进行数据传输；上电检测单元保证 SD 卡工作在合适的电压，当出现掉电或上电状态时，会使卡接口控制器和存储器核接口复位；卡接口控制器控制 SD 卡的运行状态；接口驱动器控制 SD 卡引脚的输入和输出。SD 卡的功能框图如图 3.102 所示。

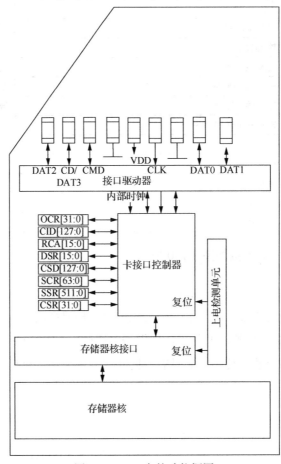

图 3.102　SD 卡的功能框图

SD 卡支持 SD 和 SPI 两种通信模式，其引脚定义如表 3.3 所示。

表 3.3　SD 卡的引脚定义

引脚	SD 模式		SPI 模式	
1	CD/DAT3	卡检测/数据线 3	CS	片选
2	CMD	命令/响应	DI	数据输入
3	VSS1	地	VSS1	地
4	VDD	电源	VDD	电源
5	CLK	时钟	SCLK	时钟
6	VSS2	地	VSS2	地

续表

引脚	SD 模式		SPI 模式	
7	DAT0	数据线 0	DO	数据输出
8	DAT1	数据线 1	RSV	保留
9	DAT2	数据线 2	RSV	保留

SD 卡与主机之间的连接如图 3.103 所示。

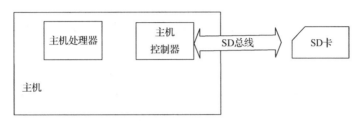

图 3.103　SD 卡与主机之间的连接

eMMC 和 SD 卡采用两种不同的封装形式，其中 eMMC 采用 BGA 封装，一般焊接在 PCB 上，而 SD 卡单独封装为卡的形式。

😊 SD 卡总线

表 3.4 所示为不同 SD 卡总线的对比。最初，SD 总线的数据传输速率为 12.5MB/s，然后 SD 总线 1.1 中增加了高速模式，SD 总线的数据传输速率提高了 1 倍，达到 25MB/s。SD 3.0 规范中为 SDHC 和 SDXC 添加了 UHS 总线，进一步提高了数据传输通道的速率上限。目前，UHS 总线共分为 3 个版本：UHS-Ⅰ、UHS-Ⅱ、UHS-Ⅲ。

UHS-I 总线定义了两种数据传输速率：UHS-50 和 UHS-104，前者的数据传输速率为 50MB/s，后者则为 104MB/s。

UHS-Ⅱ 总线的数据传输速率可以达到 312MB/s。支持 UHS-Ⅱ 总线的 SD 卡可以在全双工模式和半双工模式之间切换。

UHS-Ⅲ 总线取消了半双工模式，只保留了全双工模式，数据传输速率比 UHS-Ⅱ 高了 1 倍，可达到 624MB/s。

2018 年 6 月，SD 卡总线标准直接引入了 PCI-e 总线，虽然只有单通道，但是数据传输速率也轻松超越 UHS-Ⅲ 总线，全双工模式下可以达到 985MB/s。另外，由于采用了 PCI-e 总线进行数据传输，使得 SD 卡可以支持 NVMe 协议。

表 3.4　不同 SD 卡总线的对比

总线类型	总线版本	支持的容量标准	数据传输速率
SD 总线	默认速度	SD/SDHC/SDXC/SDUC	12.5MB/s
	高速模式	SD/SDHC/SDXC/SDUC	25MB/s
UHS 总线	UHS-I	SDHC/SDXC/SDUC	50MB/s，104MB/s
	UHS-II	SDHC/SDXC/SDUC	全双工：156MB/s；半双工：312MB/s

续表

总线类型	总线版本	支持的容量标准	数据传输速率
	UHS-III	SDHC/SDXC/SDUC	全双工：624MB/s
SD Express		SDHC/SDXC/SDUC	PCI-e 总线：985MB/s

4．SDIO 卡

（1）SDIO。

SDIO 是在 SD 总线基础上定义的一种外设接口，以增加对 I/O 设备的支持。SDIO 卡支持 SD 4 位、SD 1 位、SPI 三种模式，其引脚定义如表 3.5 所示。

表 3.5　SDIO 卡的引脚定义

引脚号	SD 4 位模式		SD 1 位模式		SPI 模式	
1	CD/DAT[3]	数据线 3	N/C	未使用	CS	卡选择
2	CMD	命令线	CMD	命令线	DI	数据输入
3	VSS1	地	VSS1	地	VSS1	地
4	VDD	电源	VDD	电源	VDD	电源
5	CLK	时钟	CLK	时钟	SCLK	时钟
6	VSS2	地	VSS2	地	VSS2	地
7	DAT[0]	数据线 0	DATA	数据线	DO	数据输出
8	DAT[1]	数据线 1 或中断（可选）	IRQ	中断	IRQ	中断
9	DAT[2]	数据线 2 或读等待（可选）	RW	读等待（可选）	NC	未使用

（2）常见的 SDIO 卡。

SDIO 卡本身并不是存储卡，只是采用 SDIO 接口的一种外设。常见的 SDIO 卡有 Wi-Fi 卡（无线网络卡）、CMOS 传感器卡、GPS 卡、蓝牙卡。

Wi-Fi 卡主要提供 Wi-Fi 功能，有些 Wi-Fi 模块使用串行接口或者 SPI 进行通信，但 Wi-Fi 卡使用 SDIO 接口进行通信。

5．UFS

UFS（Universal Flash Storage，通用闪存存储）是一种内嵌式存储器的标准规格，由 JEDEC 发布，适用于最小化功耗的应用，包括智能手机、平板计算机等移动系统及汽车应用，其高速串行接口和优化协议可显著提高吞吐量和系统性能。

UFS 是串行传输、全双工结构，同一通道能够同时进行读/写。其使用较低电压的差分传输结构，提高了抗噪声性能，可以获得更好的信噪比。其硬件架构和接口如图 3.104 所示，UFS 有两条差分数据通道，命令和数据都以包（Packet）的形式发送。全双工的 UFS 正在取代半双工的 eMMC。

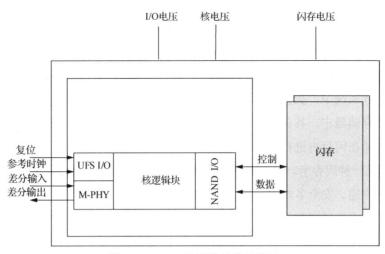

图 3.104 UFS 的硬件结构和接口

小结

- 存储器由存储单元组成，用来存储程序和数据。存储器包含存储阵列、译码驱动电路和读/写电路，依靠地址线、数据线和控制总线与外部连接。存储器的存储容量是指所能容纳的存储单元总数，可以用位数、字数或字节数来表示。存储器的存取时间是指从启动一次存储器操作到完成该操作所经历的时间，数据传输速率是指单位时间内能够传输的数据量。
- 处理器可以直接寻址的存储器称为内存，其中位于芯片内部的称为片上内存。处理器按虚拟地址访问内存，但到达存储器的是物理地址。MMU 负责将虚拟地址转换为物理地址。
- 缓存可以通过虚拟地址或者物理地址来访问，根据索引和标签方式不同，缓存寻址方式分为虚拟索引虚拟标签、物理索引物理标签、虚拟索引物理标签等。
- DRAM 的核心结构是存储单元按行和列组成的二维阵列。访问某个存储单元时，先在内部读取整个行，然后由列地址选择要访存的列。DRAM 的读操作具有破坏性。预充电是指必须在对行的读或写操作结束时，将行数据重新写回，刷新机制是为了防止数据因漏电流而被破坏。
- DDR SDRAM 采用同步方式进行存取，其中 DDR 意味着在时钟的上升沿和下降沿各传输一次数据。核心频率、时钟频率和数据传输速率是 DDR SDRAM 的三种频率指标。其中，核心频率为内存单元阵列的刷新频率，即 DDR SDRAM 的真实运行频率；时钟频率为 I/O 缓冲器的工作频率，数据传输速率是数据传输位数。核心频率与时钟频率之间存在倍频关系。

- 端接技术、OCD 和校准有助于内存品质的提高。内存系统设计采用了 T 型、fly-by 等不同类型的拓扑结构。
- 闪存结合了 ROM 和 RAM 的优点，可分为 NOR 闪存和 NAND 闪存两种。
- 在嵌入式系统中，执行代码有两种方式。在存储和下载模式下，程序代码存储在非易失性存储器中，其在启动过程中被复制到内存中执行。在就地执行模式下，程序代码直接在闪存内进行加载。
- MMC 是一种闪存卡。eMMC 内置内存控制器，使用统一的 MMC 接口。SD 卡是新一代的高速、安全多媒体存储卡，SDIO 是在 SD 总线基础上定义的外设接口。UFS 具有高速串行接口和优化协议，可显著提高吞吐量和系统性能。

第 4 章

总线

总线是连接 SoC 内部的处理器、存储器、外设及应用模块等的信息传输线。其中，系统总线是处理器与各设备之间的总线；通信总线是芯片与外设之间的总线；存储总线是处理器与存储器之间的总线。进行 SoC 设计时，一般选用公开、通用的总线结构，也可以自主开发总线。

图 4.1 所示为一个以 ARM Cortex-M3 为核心的嵌入式控制器的总线架构。

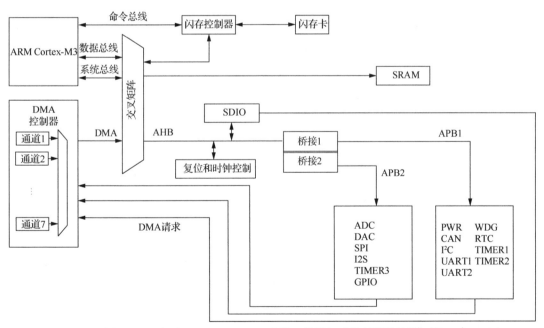

图 4.1 一个以 ARM Cortex-M3 为核心的嵌入式控制器的总线架构

ARM Cortex-M3 通过数据总线访问数据存储器（SRAM），通过命令总线访问闪存控制器，通过系统总线访问连接到交叉矩阵的其他组件。DMA 控制器连接至交叉矩阵，AHB 到 APB 的转换桥（图 4.1 中的桥接 1、桥接 2）连接所有外设。总之，所有模块通过一个多级的 AHB 架构相互连接。

本章首先介绍总线的基本概念，接下来讨论总线设计，最后重点介绍 AMBA 总线、通信总线和系统总线。

4.1 总线的基本概念

制定互连总线技术标准时需考虑以下几点：一是效率，确保数据高效传输；二是标准化，便于不同厂家 IP 模块的快速互连；三是可扩展性，方便系统对 IP 模块的灵活增减。本节将介绍总线的分类、总线的特性及主要技术指标。

4.1.1 总线的分类

（1）按总线位置分类。

芯片设计过程中使用两种总线：一种是连接系统上不同芯片的总线，即芯间总线（Chip Bus）；另一种是芯片内部连接不同设备（模块）的总线，即片上总线（On Chip Bus）。当芯片内部同时存在多条总线时，通常采用多级分层结构，如图 4.2 所示。

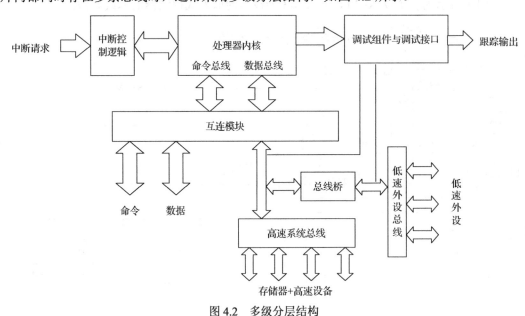

图 4.2 多级分层结构

（2）按功能分类。

总线按照功能不同可以分为地址总线（Address Bus）、数据总线（Data Bus）和控制总线（Control Bus），如图 4.3 所示。数据总线和地址总线可以复用。

① 地址总线：用于传送地址。地址总线的宽度往往决定了存储器存储空间的大小，若

地址总线为 32 位,则其最大存储空间为 4GB。

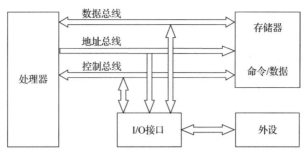

图 4.3 地址总线、数据总线和控制总线

② 数据总线:用于传送数据。数据总线可以分成单向传输数据总线和双向传输数据总线。数据总线的位宽通常与处理器的字长一致。例如,ARM Cortex-M4 处理器的字长为 32 位,其数据总线的位宽也为 32 位。

③ 控制总线:用于传送控制信号和时序信号。如 MPU 对外部存储器进行操作时要先通过控制总线发出读/写信号、片选信号和读入中断响应信号等。控制总线一般是双向的,有的控制信号由处理器送往存储器和外设接口电路,有的控制信号由其他模块反馈给处理器。

总线上的主设备是指能够提出申请并获得总线控制权的设备,从设备是指只能被动接收总线传输数据的设备,如图 4.4 所示。

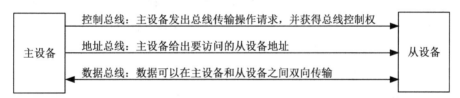

图 4.4 总线上的主设备和从设备

(3)按数据传输方式分类。

总线按照数据传输方式不同可以分为串行总线和并行总线,如图 4.5 所示。

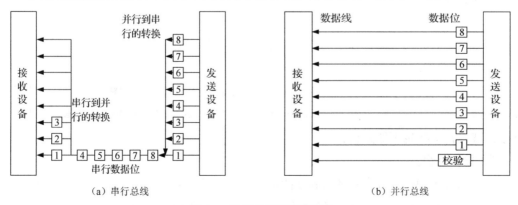

(a)串行总线　　　　　　　　　　　　(b)并行总线

图 4.5 串行总线和并行总线

目前，常见的串行总线有 SPI、I²C、USB 等，常见的并行总线有 AMBA、AHB、APB、PCI 总线等。

① 串行总线。

串行总线是指数据通过时分复用（Time-Division Multiplexing，TDM）在一根或几根数据线上传输。采用串行总线以后，就单根数据线而言，其数据传输速率通常比相应的并行总线高很多。例如，PCI 总线采用并行 32 位的数据线，每根数据线上的数据传输速率是 33Mb/s，演变到 PCI-e（PCI Express）总线的串行版本后，每根数据线上的数据传输速率至少是 2.5Gb/s（PCI-e1 标准），现在 PCI-e 总线的数据速率已经达到了 5Gb/s（PCI-e2 标准）或 8Gb/s（PCI-e3 标准）及以上。串行总线在提高了数据传输速率的同时节省了布线空间，同时降低了芯片的功耗。

在芯片设计中，使用串行总线进行高速数据传输越来越频繁，即所谓接口串行化。从综合带宽、功耗和成本等方面考虑，与其用较宽的并行接口以较低的速率传输，不如用串行接口以非常高的速率传输。不过数据传输速率提高后，对于阻抗匹配、线路损耗和抖动的要求也就提高了，容易出现信号完整性差的问题。

② 并行总线。

并行总线是最普遍的总线结构。数据总线、地址总线、控制总线都采用并行传输方式。并行总线的优点是总线的逻辑时序比较简单，电路实现相对容易，缺点是信号线数量非常多，会占用大量的引脚和布线空间，总线的吞吐量很难持续提升。

对于并行总线来说，其总线带宽=数据总线宽度×总线频率，因此可以通过增加数据总线宽度和总线频率来提高总线带宽。以 AHB 为例，其使用 32 位数据总线，若工作时的总线频率是 100MHz，则其总线带宽=32×100×10⁶=400MB；AXI 总线的数据总线扩展到 64 位，工作时的总线频率提升到 400MHz，则其总线带宽=64×400×10⁶=3.2GB。然而，受限于芯片尺寸和布线空间，总线带宽的提升存在瓶颈，例如，过宽的数据总线在版图布线和时序收敛等方面存在困难，当总线频率升高时尤甚。

（4）按总线时序分类。

总线按照时钟信号是否独立可以分为同步总线、异步总线、半同步总线。

① 同步总线。

所有挂接在同步总线上的设备，按照公共时钟完成数据传输，如图 4.6 所示。同步总线中包含时钟线，但没有握手/应答过程，速度快、时序简单、实现容易；但传输可靠性不如异步总线，传输线也不能太长。

② 异步总线。

异步总线上的传输双方有各自独立的定时时钟，通过主从双方的握手/应答机制来进行数据传输，如图 4.7 所示。异步总线的传输可靠性高，适用于传输周期不同的设备，对传输线的长度也没有严格要求，但速度较慢。

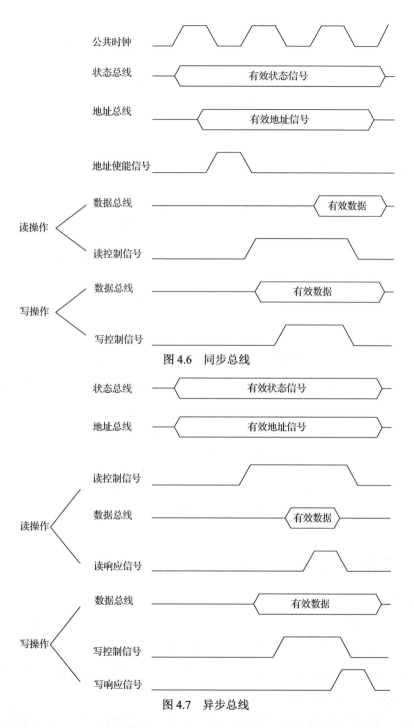

图 4.6 同步总线

图 4.7 异步总线

③ 半同步总线。

采用"就绪-等待"机制,半同步总线上各操作之间的时间间隔可以变化,但仅允许为公共时钟周期的整数倍,如图 4.8 所示。信号的出现、采样和结束仍以公共时钟为基准。

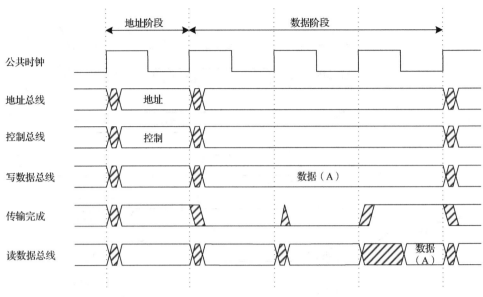

图 4.8 半同步总线

(5) 按时分复用方式分类。

① 非复用：总线上信号线的数量较多，每条信号线的功能恒定。

② 复用：通过约定，某些信号线在不同时段传输不同的数据，以减少信号线的数量。例如，PCI 总线上的 AD[31:0]是 32 根地址和数据复用的信号线，按照规范，首先传送地址，然后传送数据，如图 4.9 所示。另外，还可以增加专用信号线加以标识。

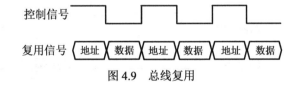

图 4.9 总线复用

4.1.2 总线的特性及主要技术指标

(1) 总线的特性。

总线的机械特性（尺寸、形状、引脚数及排列顺序）保证了总线与器件在机械上的可靠连接，电气特性（传输方向和有效的电平范围）保证了总线和器件在电气上的正确连接，功能特性（每根传输线的功能）和时间特性（信号的时序关系）则保证了信息的正确传输。

(2) 总线的主要技术指标。

总线的主要技术指标包括总线频率、总线宽度、总线带宽，以及总线通信方式、总线复用等。

① 总线频率：每秒能够发起数据传输的最大次数，又称总线传输速率，常用单位为 MHz。许多总线在每个时钟周期都能发起一次数据传输，此时总线频率等于总线时钟频率。

② 总线宽度：总线上可同时传输的数据位数。
③ 总线带宽：又称总线最大数据传输速率。并行总线的总线带宽为

$$总线带宽=数据总线宽度×总线频率$$

串行总线（多条数据线传输）的总线带宽为

$$总线带宽=总线频率×数据线数$$

④ 总线通信方式：同步通信、异步通信。
⑤ 总线复用：地址线与数据线是否复用。
⑥ 信号线数：地址线、数据线和控制线的总和。
⑦ 总线控制方式：突发、自动、仲裁、逻辑、计数。
⑧ 负载能力：总线上最多能连接的器件数。
⑨ 可靠性：总线传输数据的可靠性。

例如，芯片有一个公共时钟，用于控制整个芯片的各个部件，总线也受该时钟控制，在一个总线周期中并行传输 32 位数据。如果总线时钟频率为 33MHz，一个总线周期等于一个时钟周期，则总线带宽=(32/8)×33×10^6=132×10^6=132MB/s。如果一个总线周期内并行传输 64 位数据，总线时钟频率升高为 66MHz，则总线带宽= (64/8)×66×10^6=528×10^6=528MB/s。

4.2 总线设计

总线设计主要包括总线结构、总线构件、总线仲裁、总线操作和定时。

4.2.1 总线结构

总线结构对存储容量、吞吐量和指令系统都有影响。

（1）单总线结构。

在单总线结构下，所有处理器和设备共享一条总线，如图 4.10 所示。单总线结构简单、使用灵活、易于扩展，但是带宽有限且无法随设备的增多而扩展。

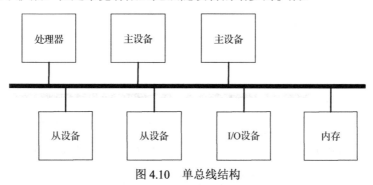

图 4.10 单总线结构

（2）多总线结构。

芯片中不同功能设备的数据传输带宽和延迟要求并不相同，比如处理器核的数据传输带宽要求显然大于串行外设的要求。如果都按最高要求来设计，则会导致资源浪费，因此有必要使用多个总线来满足不同功能设备的数据传输带宽和延迟要求。

① 面向存储器的双总线结构。

在面向存储器的双总线结构下，内存通过存储总线与处理器连接，也通过系统总线与其他设备连接。如果内存支持多个主设备同时访问，那么当处理器访问时，其他设备仍可以访问。在图 4.11 中，处理器与内存之间的通路有助于命令的快速加载。

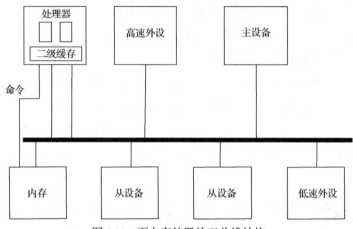

图 4.11　面向存储器的双总线结构

② 面向处理器的双总线结构。

如图 4.12 所示，在面向处理器的双总线结构下，处理器与设备之间通过系统总线连接，与内存 1 之间通过存储总线连接，从而提高处理器信息存取的速率和效率。但由于该内存与其他设备之间没有直接通路，如果彼此之间需要进行信息交换，则需由处理器中转，降低了处理器的工作效率。

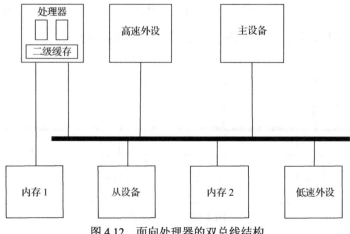

图 4.12　面向处理器的双总线结构

③ 带有 DMA 高速通道的多总线结构。

带有 DMA 高速通道的多总线结构在高速 I/O 设备与内存之间建立了一条 DMA 高速通道，从而缓解系统总线和处理器的压力，如图 4.13 所示。

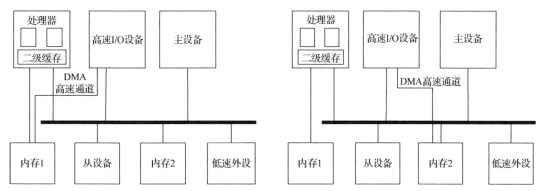

图 4.13　带有 DMA 高速通道的多总线结构

④ 层次化总线结构。

层次化总线结构使用多条总线来满足不同功能设备的数据传输带宽要求，不同总线之间可通过桥接模块进行数据传递。在图 4.14（a）中，高速 I/O 设备使用同一条总线（高速总线），低速 I/O 设备使用另一条总线（低速总线），两总线通过 0 号桥连接。在图 4.14（b）中，高速 I/O 设备通过高速总线桥（1 号桥）与系统总线连接，低速 I/O 设备则通过低速总线桥（2 号桥）与系统总线连接。

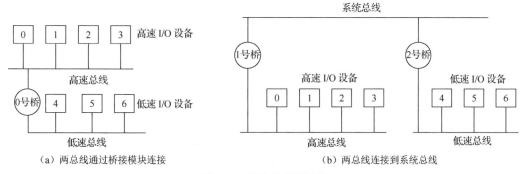

（a）两总线通过桥接模块连接　　　　　　　　　（b）两总线连接到系统总线

图 4.14　层次化总线结构

4.2.2　总线构件

图 4.15 所示为 SoC 总线架构中的不同构件，包括互连总线和转换桥。

（1）互连总线

① 共享总线。

共享总线是指所有主从设备都连接到同一互连总线上，当多个设备同时通过总线传输数据时，需要进行仲裁，获得总线使用权的设备在完成数据读/写后释放总线，如图 4.16 所示。

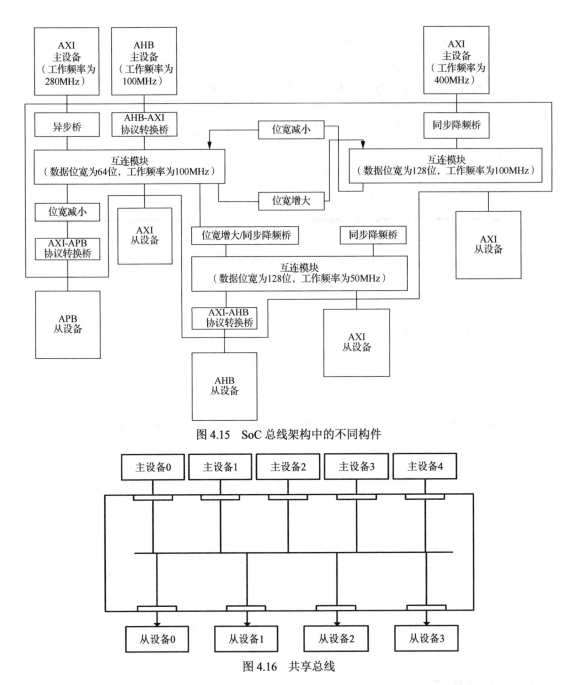

图 4.15　SoC 总线架构中的不同构件

图 4.16　共享总线

② 交叉矩阵。

由于任何时刻只能有一对主从设备使用共享总线传输数据,因此无法满足多对主从设备同时传输数据的需求。此外,一个主设备的数据往往需要同时广播给多个从设备,此时交叉矩阵是更好的选择,其主要特性是可以同时实现多个主从设备间的数据传输,还能实现一个主设备对多个从设备进行数据广播,如图 4.17 所示。其主要问题是互连线很复杂,当互连模块扩展得较多时尤甚,给后端设计带来了较大挑战。

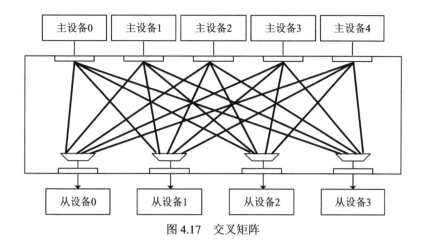

图 4.17 交叉矩阵

③ 片上网络。

与交叉矩阵相比,片上网络是一种可扩展性更好的设计。在片上网络架构中,每一个设备都连接到片上路由器,设备传输的数据则形成了一个个数据包,通过片上路由器送达数据包的目标设备,如图 4.18 所示。

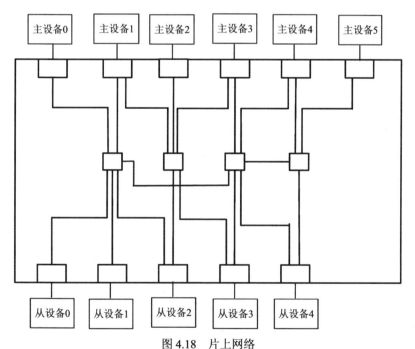

图 4.18 片上网络

片上网络的优势主要体现在横向和纵向两方面。横向优势是指当片上互连模块的数量增加时,片上网络的复杂度并不会上升很多,因此可以实现更高的性能,同时面积更小。纵向优势是指其物理层、传输层和接口是分开的,因此用户可以在传输层方便地自定义传输规则而无须修改设备接口,对物理层互连走线的影响也不大,因此不会对片上网络的时钟频率造成显著影响。

(2)转换桥。

转换桥用于实现设备之间的接口协议转换、数据位宽转换和时钟跨越。

① 协议转换桥。

协议转换桥用于实现设备之间的接口协议转换，如 AXI-AHB、AHB-APB 等，如图 4.19 所示。

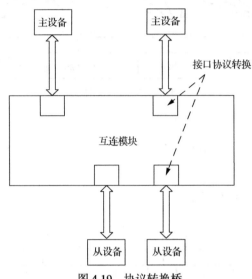

图 4.19 协议转换桥

② 位宽转换桥。

位宽转换桥用于实现设备之间的数据位宽转换，如宽位宽到窄位宽的转换（如 64 位-32 位、32 位-16 位等）、窄位宽到宽位宽的转换（如 32 位-64 位、16 位-32 位等），如图 4.20 所示。

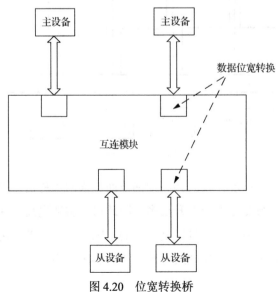

图 4.20 位宽转换桥

③ 时钟跨越桥。

时钟跨越桥用于实现设备之间接口的时钟跨越，如图 4.21 所示。

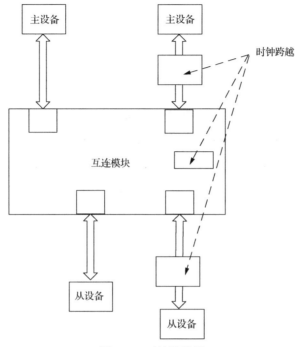

图 4.21 时钟跨越桥

4.2.3 总线仲裁

总线主设备可以发起一个传输任务，从设备对主设备发起的任务做出回应。有些设备既可以是总线的主设备，又可以是总线的从设备，如 DMA 控制器等。

在一个多主设备的总线中，由于每个主设备都能启动数据传输，即有可能在一段时间内同时竞争使用总线，因此必须制定一种机制来决定总线的使用权。总线的使用权分配即总线判优控制，也称为总线仲裁。在仲裁机制中，需启用某些保护机制，以确保总线上数据的正常传输。例如，在传输数据过程中采用锁定机制，只有当前传输结束后才能重新启动仲裁机制，从而确保该次传输正常结束。这在多个主设备竞争访问同一资源时可以确保数据传输的正确性。

仲裁机制的差异会影响总线的利用效率和延迟，使用较多的仲裁机制有轮询机制和优先级机制。

① 轮询机制。

总线上的每个主设备都拥有相同的优先级，仲裁逻辑循环检查各个主设备的使用请求，从而决定哪一个主设备能使用总线，但这可能导致重要主设备等待较长时间后才获得总线的使用权。

② 优先级机制。

各个主设备被分配不同的优先级，优先级高的主设备可以在较小延迟下获得总线的使用权。

仲裁机制的实现可分为集中仲裁方式和分布式仲裁方式。其中，集中仲裁方式又可进一步分为串行仲裁和并行仲裁。

1．串行仲裁

串行仲裁是最常见的链式仲裁，又称菊花链仲裁，如图 4.22 所示。使用总线的优先权由各设备到总线仲裁器的距离来决定，最近的优先级最高，最远的优先级最低。由于信号线数与设备数量无关，因此实现电路简单、成本低，但是链形优先级存在传播延迟，该延迟与设备数量成正比，因此仲裁速度慢。此外，由于总线请求和使用权分配必须在一个时钟周期内完成，因此受时钟周期的限制，一般只能连接少量的设备，并且一旦连接方式确定，其优先级即固定，不易更改，导致可靠性低，一个设备故障将造成整条主设备链失效。

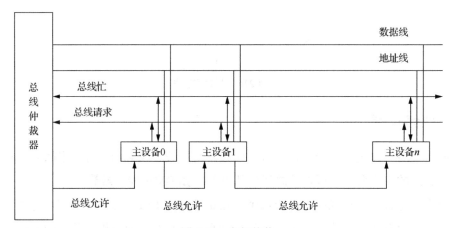

图 4.22 串行仲裁

串行仲裁中的信号线包括总线请求（Bus Request，BR）信号线、总线允许（Bus Grant，BG）信号线和总线忙（Bus Busy，BB）信号线。其仲裁过程如下。

① 总线忙信号无效，即总线空闲时，主设备才能提出总线请求。

② 各主设备的总线请求信号用"线与"方式连接到总线仲裁器的请求输入端。

③ 总线仲裁器在接到总线请求信号后输出总线允许信号，该信号通过主设备链向后逐个传递，直到送至提出总线请求的主设备为止。

④ 请求总线的主设备收到总线允许信号后，获得总线的使用权，将总线忙信号置为有效，以通知其他主设备总线已被占用，同时使总线仲裁器撤销总线允许信号。

⑤ 主设备的总线操作结束后，撤销总线忙信号，从而允许其他主设备申请总线。

2. 并行仲裁

在图 4.23 所示的并行仲裁中,每个主设备都有一条总线请求信号线、一条总线允许信号线和一条所有主设备共用的总线忙信号线;总线仲裁逻辑控制电路内置一个优先级编码器和优先级译码器,用以选择优先级最高的主设备提出的总线请求,并产生相应的总线允许信号。并行仲裁又称为独立请求式仲裁,利用固定优先级策略、轮询策略或 LRG 策略进行工作。其优点是仲裁速度快、优先级设置灵活,缺点是连接到总线上的设备数量受到限制。并行仲裁的仲裁过程如下。

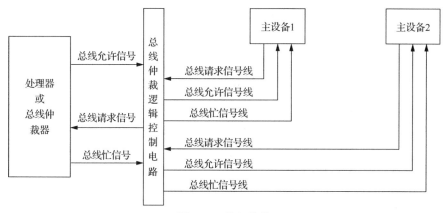

图 4.23 并行仲裁

① 当总线忙信号有效时,表示有主设备正在使用总线,因此请求使用总线的主设备必须等待,直至总线忙信号变为无效为止。

② 所有需要使用总线的主设备都可发出总线请求信号,总线仲裁器仅向优先级最高的主设备发送总线允许信号。

3. 混合仲裁

混合仲裁又称多级仲裁,兼具串行仲裁和并行仲裁的优点,既有较好的灵活性、可扩充性,又可容纳较多的主设备,具有较快的响应速度。图 4.24 所示为两级混合仲裁。总线仲裁器按照并行方式连接总线请求信号线 1 和总线请求信号线 2,所有主设备的总线请求连接在总线请求信号线 1 或总线请求信号线 2 上;总线允许信号线 1 按照串行方式连接一部分主设备,总线允许信号线 2 按照串行方式连接另一部分主设备。

混合仲裁的仲裁过程如下。

① 先并行仲裁,所有主设备的总线请求送至总线仲裁器后,由总线仲裁器确定总线请求信号线 1 和总线请求信号线 2 的优先级。

② 然后串行仲裁,即根据同一链路上的主设备与总线仲裁器的远近程度来决定总线请求信号线 1 或总线请求信号线 2 上应该获得总线使用权的主设备。

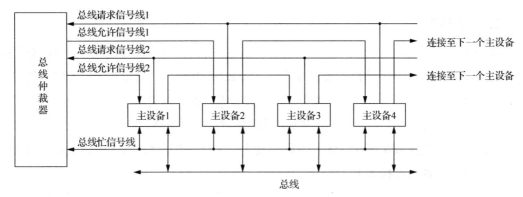

图 4.24 两级混合仲裁

4．分布式仲裁

每个主设备独立地决定自己是否是最高优先级请求者，不需要中心仲裁器。

在图 4.25 中，假定主设备 1～主设备 4 通过总线请求 1～总线请求 4 进行自举分布式仲裁。其中总线请求 1 为总线忙信号线，正在使用总线的主设备应将总线请求 1 置为有效；总线请求 i 为主设备 i 的总线请求信号线，只有在总线请求 1 无效时才能发送总线请求。

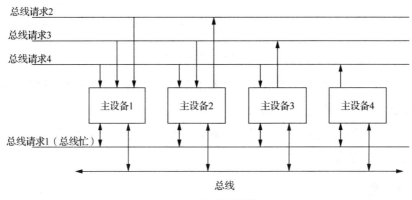

图 4.25 分布式仲裁

分布式仲裁的仲裁过程如下。

① 在申请期，需要请求总线使用权的主设备在各自对应的总线请求信号线上发出总线请求信号。

② 在仲裁期，每个主设备将有关总线请求信号线上的合成信号取回分析，以检测其他主设备是否发出了总线请求；若检测到其他优先级更高的主设备也在请求使用总线，则该主设备暂时不能使用总线，否则该主设备可立即使用总线。

4.2.4 总线操作和定时

众多设备共享总线时通过仲裁获取总线使用权，按先后顺序分时占用总线。

1．总线操作

通过总线进行信息交换的过程称为总线操作，包括读/写存储器、读/写 I/O 端口、DMA 操作、中断等。总线设备完成一次完整的信息交换的时间称为总线周期（或总线传输周期）。

在含有多个主设备的总线系统中，一个总线周期通常分为以下 4 个阶段。

请求及仲裁阶段：主设备发出总线请求，由总线仲裁器决定将下一个总线周期分配给哪一个主设备。

寻址阶段：获得总线使用权的主设备通过总线发出本次要访问的从设备（存储器或 I/O 端口）地址及有关命令，通知参与传输的从设备开始启动。

数据传输阶段：主设备和从设备进行数据传输，数据由源设备发出，经数据总线到达目的设备。

结束阶段：主设备、从设备的有关信息均从总线上撤销，让出总线，以便其他设备在下一个总线周期能够使用总线。

常见的总线操作如下。

① 读操作。

② 写操作。

③ 读修改写操作，即先读再修改，最后写回。

④ 写后读操作，即先写后读。

⑤ 块操作。

常见的控制信号如下。

① 时钟：用于同步各种操作。

② 复位：初始化所有设备。

③ 总线请求：表示某主设备请求获得总线使用权。

④ 总线允许：表示请求获得总线使用权的主设备已获得了总线使用权。

⑤ 中断请求：表示某主设备提出中断请求。

⑥ 中断响应：表示中断请求已被接收。

⑦ 存储器写：将数据总线上的数据写入指定的存储单元。

⑧ 存储器读：将指定存储单元中的数据读到数据总线上。

⑨ I/O 端口读：从指定的 I/O 端口将数据读到数据总线上。

⑩ I/O 端口写：将数据总线上的数据输出到指定的 I/O 端口。

⑪ 传输响应：表示数据已被接收或已将数据送至数据总线。

2．总线时序

总线操作过程中各信号在时间顺序上的配合关系称为总线时序，即主、从设备如何在时间上协调和配合,以实现可靠的寻址和数据传输。总线时序可分为同步总线时序、半同步总线时序、异步总线时序和周期分裂式总线时序。

(1) 同步总线时序。

同步总线时序是指总线上的数据传输由公共时钟控制。时钟通常由芯片的时钟模块产生,送达总线上的所有设备,也可以由每个设备各自的时钟发生器产生,但是必须同步于芯片的系统时钟。同步总线的优点是设备间的配合简单一致,缺点是主、从设备之间的时间配合属于强制性同步,必须按速度最慢的设备来设计公共时钟。同步总线写命令的时序如图 4.26 所示。

在图 4.26 中,总线写周期包括以下几部分。

T_1:主设备发送地址。

T_2:主设备提供数据。

T_3:主设备发送写命令,从设备必须在规定时间内将数据写入地址总线所指明的存储单元。

T_4:主设备撤销写命令和数据等信号。

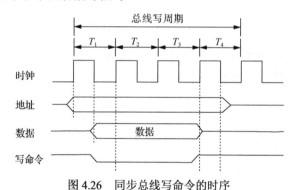

图 4.26 同步总线写命令的时序

(2) 半同步总线时序。

半同步总线是对同步总线的一种优化。对于大多数速度较快的设备,均按照同步方式定时;对于少数速度较慢的设备,增加一条 Ready/Wait 状态信号线,用于请求主设备延长传送周期。例如,主存储器的速度太慢,可插入一个时钟周期让处理器等待存储器准备数据。半同步总线提高了系统的适应性,但是速度依然偏慢。图 4.27 所示为半同步总线时序。

等待信号表示需要进行等待,低电平有效,若持续一个时钟周期,则处理器读数据的时间会滞后一个时钟周期。插入等待时钟周期的数目可以根据存储器的访问速度来确定,如果存储器的访问时间大于两个时钟周期,那么就需要插入两个等待时钟周期,即等待信号持续两个时钟周期。

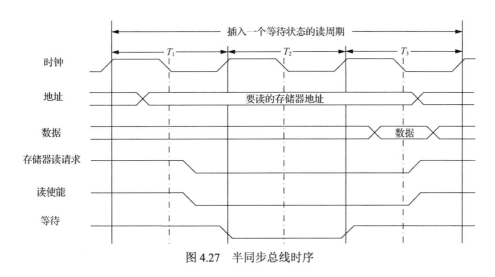

图 4.27 半同步总线时序

（3）异步总线时序。

异步总线中没有系统公共时钟，主、从设备之间通信时，采用应答方式进行联络和协调工作。异步总线允许各设备的速度不一致，提高了设备的适应性。根据应答信号之间的关系，异步总线时序可分为不互锁方式、半互锁方式和全互锁方式（又称握手方式）。在图 4.28 中，主、从设备之间增加了选通和应答两条信号线，主设备在发送数据的同时发送选通信号，从设备收到数据后应答。

① 不互锁方式。

图 4.29 所示为异步总线时序（不互锁方式）。主设备发出请求并等待固定时间后，认为从设备已收到数据，于是撤销请求。从设备收到数据后发出应答，同样等待固定时间后撤销应答。

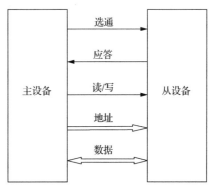

图 4.28 异步总线时序

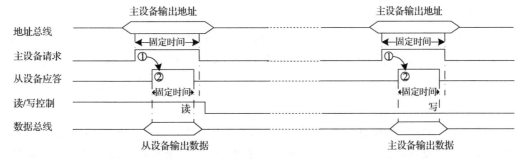

图 4.29 异步总线时序（不互锁方式）

② 半互锁方式。

图 4.30 所示为异步总线时序（半互锁方式）。主设备发出请求后，等待从设备的应答，

只有收到应答后才撤销请求。从设备发出应答后,并不等待主设备的应答,在等待固定时间后撤销应答。

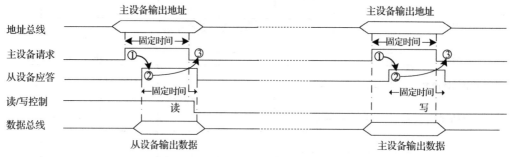

图 4.30 异步总线时序(半互锁方式)

③ 全互锁方式。

图 4.31 所示为异步总线时序(全互锁方式)。主设备发出请求后,等待从设备的应答,只有收到应答后才撤销请求。从设备发出应答后,等待主设备的应答(撤销请求),收到主设备的应答后才撤销应答,主、从设备相互等待,传输可靠性最高。

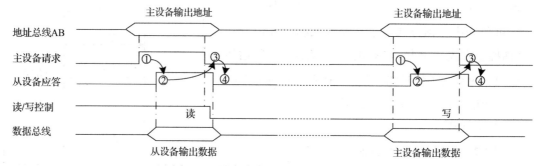

图 4.31 异步总线时序(全互锁方式)

(4)周期分裂式总线时序。

在上述各种传输过程中,取得总线使用权的主设备及被其选中的从设备,无论是否进行数据传输,始终占用总线。

为了提高总线的利用率,可以考虑将一个耗时长的操作分成几个耗时短的操作。例如,将一个传输周期(或总线周期)分解成两个子周期(或称子阶段)。在第一个子周期(寻址子周期,或称地址阶段)中,主设备 A 获得总线使用权后,先将命令、地址、从设备 B 的编号等信息发送到总线上,由从设备 B 接收下来,然后主设备 A 放弃总线,供其他设备使用;在第二个子周期(数据传输子周期,或称数据阶段)中,从设备 B 根据所收到的命令,经过一系列的内部操作,先将主设备 A 所需的数据准备好,然后由从设备 B 申请总线使用权,一旦获准,从设备 B 将主设备 A 的编号、所需数据、从设备 B 的地址等信息发送到总线上,供主设备 A 接收。

周期分裂式操作又称分离式操作、流水线分离等。

4.3 AMBA 总线

AMBA（Advanced Microcontroller Bus Architecture）总线是 ARM 公司推出的片上总线，广泛用于 SoC 中处理器、IP 核的集成和通信。

4.3.1 AMBA 总线的基本概念

AMBA 总线的基本概念主要有握手（Handshake）、事务（Transaction）、Outstanding、乱序（Out-of-Order）传输、数据间插（Data Interleaving）和原子操作（Atomic Operation）。

4.3.1.1 握手

握手信号包括有效（VALID）和就绪（READY），传输行为仅在 VALID 和 READY 同时有效时发生。其中，VALID 表示地址/数据/应答信号总线上的信号有效，由传输发起方控制，READY 表示传输接收方已经准备好接收，由传输接收方控制，如图 4.32 所示。

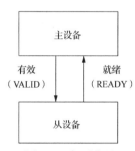

图 4.32 握手信号

VALID 和 READY 的先后关系存在以下 3 种情形。

① VALID 先有效，等待 READY 有效后完成传输（VALID 一旦有效，在传输完成前不可取消），如图 4.33（a）所示。

② READY 先有效，等待 VALID 有效后完成传输（READY 可以在 VALID 有效前撤销），如图 4.33（b）所示。

③ VALID 和 READY 同时有效，立刻完成传输。

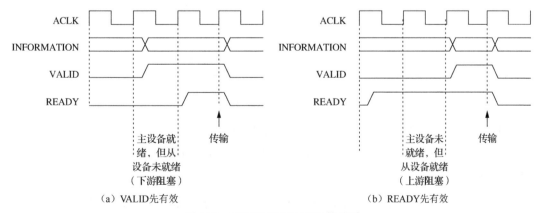

图 4.33 VALID 和 READY 的关系

4.3.1.2 事务

为了传输一组数据而进行的所有交互称为事务。每个事务由若干个突发传输（Burst Transmission）组成，每个突发传输中含有若干个数据传输（Data Transmission），每个数据传输因使用一个周期而被称为一拍（Beat）数据，如图 4.34 所示。

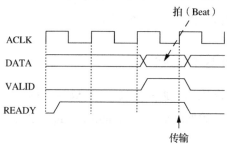

图 4.34 事务

1. 单一数据传输

单一数据传输（Single Data Transmission）分为两种类型：无等待传输和有等待传输。

（1）无等待传输。

无等待传输的传输过程如图 4.35 所示。

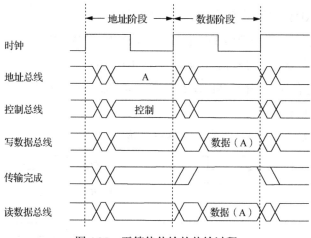

图 4.35 无等待传输的传输过程

① 在第一个时钟上升沿，主设备将地址和控制信号发送到总线上。

② 在第二个时钟上升沿，从设备采样主设备发送的地址和控制信号，将响应信号和数据发送到总线上。

③ 在第三个时钟上升沿，主设备采样从设备发送的响应信号和数据，传输完成。

（2）有等待传输。

如果数据阶段持续一个时钟周期仍不足以完成数据的传输，从设备可以通过 HREADY

信号（将其拉为低电平）扩展数据周期（插入等待时钟周期）。

有等待传输的传输过程如图4.36所示。

① 主设备在时钟上升沿将地址和控制信号发送到总线上。

② 在下一个时钟上升沿，从设备采样地址和控制信号。

③ 进入数据阶段，从设备开始驱动适当的响应信号。若从设备在数据阶段的第一个时钟周期内没能准备好，则需要把传输完成信号拉为低电平，插入等待时钟周期；从设备准备好后，拉高传输完成信号的电平。

④ 主设备在随后的下一个时钟（第五个时钟）上升沿采样读数据总线，以获得从设备响应的数据。

⑤ 对写操作而言，主设备必须保证数据在整个等待时钟周期内保持稳定。对读操作而言，从设备没必要提供有效数据直至传输结束，只需在相应时钟周期内提供数据即可。

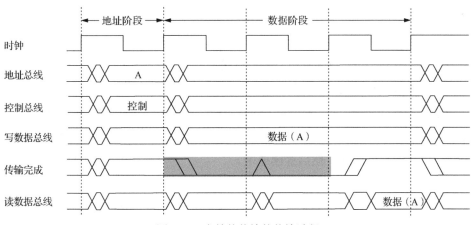

图4.36 有等待传输的传输过程

2. 流水线传输

地址和数据交叠传输的方式称为流水线传输，如图4.37所示。具体来说，第 n 次传输的地址在第 $n-1$ 次传输时就被发送到了地址总线上，因此"发送地址"和"发送数据"两个操作构成了两级流水线操作。

3. 突发传输

突发传输的一次传输过程传输一个数据块，而非单个数据，涉及数据宽度、突发传输长度和突发传输类型等。

（1）数据宽度。

突发传输的数据宽度是指一次突发传输中的最大数据宽度。突发传输的数据宽度不能超过数据线本身的位宽，当其小于数据线的位宽时，将使用部分数据线进行传输。

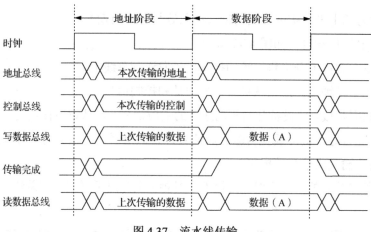

图 4.37 流水线传输

（2）突发传输长度。

突发传输长度是指一次突发传输中的传输次数。

（3）突发传输类型。

突发传输有三种类型：固定（FIXED）模式（以第一次地址传输中的地址为起始地址，将后续数据不断写入起始地址，刷新起始地址上的数据）、递增（INCR）模式（以第一次地址传输中的地址为起始地址，后续数据的存储地址在起始地址的基础上递增）和回环（WRAP）模式（以第一次地址传输中的地址为起始地址，后续数据的存储地址先递增，到达上限地址后回到起始地址，然后继续递增）。

（4）非突发连续读取模式。

非突发连续读取模式不采用突发传输，而是依次单独寻址，虽然可以使数据连续传输，但每次都要发送列地址和命令，对控制资源的占用极大，如图 4.38 所示。

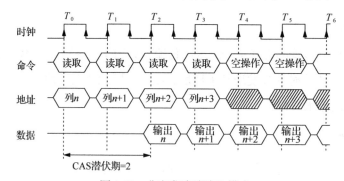

图 4.38 非突发连续读取模式

（5）突发连续读取模式。

突发连续读取模式只需指定起始列地址与突发传输长度，寻址与数据读取将自动进行，只要控制好两段突发读取命令的间隔周期（与突发传输长度相同），即可实现连续的突发传输，如图 4.39 所示。

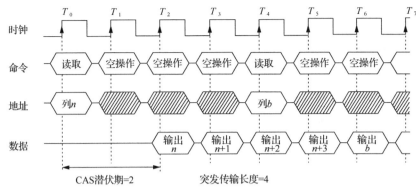

图 4.39 突发连续读取模式

（6）突发传输的边界。

为了避免一次突发传输访问两个从设备，规定一次突发传输不能跨越边界。假如一个突发传输访问了从设备 A 和 B（A 在前，B 在后），那么只有 A 收到了地址和控制信号，B 不会收到地址和控制信号，因此只有 A 会响应，B 并不会响应，这就会导致此次突发传输无法完成（B 无法完成传输）。

系统划分时从设备的最小地址空间称为一页。在 AHB 系统中，一页为 1KB，即从设备的地址空间是 1KB、2KB 或者 1MB 等。因此 AHB 突发传输存在 1KB 边界的限制，如果要跨越 1KB 边界，需要重新发起一个新的突发传输。当处理器发出的地址跨越边界时，AHB 系统会自动将其转换为 1KB。

在图 4.40 中，当地址到达 0x400（1KB）及 0x400 的倍数时，要重启一个突发传输。具体实现时，在 1KB 边界的地方，将传输类型重新设为 NONSEQ。

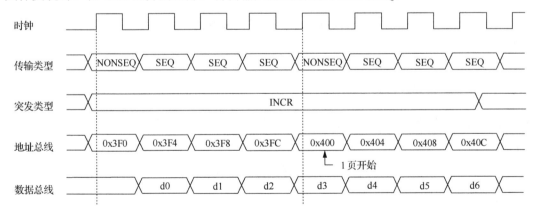

图 4.40 突发传输的边界

在 AXI 系统中，最小的地址空间为 4KB。因此，0x1000 与 0x1FFF 没有跨越 4KB 边界，而 0x1FFF 与 0x2000 跨越了 4KB 边界。即便处理器核启动跨页访问，到了输出接口也会被拆分成两个或多个访问。例如，当处理器核要访问 0x1FF0~0x200F 共 32B 的数据（每拍为 4B）时，系统会自动拆分成 0x1FF0~0x1FFF 和 0x2000~0x200F 两个访问。

(7) 突发传输的应用场景。

① 闪存应用类：只发送一次地址，之后地址自动累加，直到所有数据发送完毕。

② 缓存应用类：只发送一次地址，之后地址自动累加，累加到一定值后地址又自动回到起始地址。数据在一段地址范围内循环传输。

③ FIFO 应用类：只发送一次地址，之后地址不变，所有数据都是传输到此地址。

4．分裂传输

AHB 传输的两个阶段（地址阶段和数据阶段）可以被分裂（Spilt）。当某从设备因某种原因不能及时响应时，发送控制信号 HSPLITx 以通知总线仲裁器启动分裂传输。总线仲裁器检测到 HSPLITx 后，得知该从设备当前不进行传输，则可以将总线使用权先出让给其他主设备。该从设备做好接收数据的准备后，又通过 HSPLITx 发出重新启动传输信号，于是总线仲裁器根据挂起的主设备的优先级再次分配总线使用权。当该从设备对应的主设备获得总线使用权后，重新发送地址和控制信号等信息，继续刚才挂起的传输操作。

在主设备发起传输后，由从设备决定传输该如何进行。只要从设备被访问，就必须提供一个表示传输状态的响应。从设备能够用多种方式来完成传输：立刻完成传输、插入一个或者多个等待状态以获得更多时间来完成传输、发出一个错误信号来表示传输失败、延迟传输的完成，但允许主设备和从设备放弃总线，将总线留给其他设备使用。

当从设备无法立刻提供传输所需数据时，分裂和重试（Retry）响应都提供了释放总线的机制，允许在总线上结束传输，允许其他主设备访问总线。两种响应的差异在于总线仲裁器分配总线的方式。

对重试而言，总线仲裁器将继续使用常规优先级方案，因此只有拥有更高优先级的主设备才获准访问总线。

对于分裂而言，总线仲裁器将调整优先级方案，以便其他任何主设备请求总线时都能获得，即使是优先级较低的主设备。为了完成一次分裂传输，从设备必须通知总线仲裁器何时数据可用，因此分裂传输增加了总线仲裁器和从设备的复杂性，但是却可以完全释放总线给其他主设备使用。

主设备应该以同样的方式来对待分裂和重试，应该继续请求总线并尝试传输，直到传输成功或者遇到错误响应为止。

分裂和重试响应在使用过程中都必须注意预防总线死锁。单个传输不会锁定 AHB，因为每个从设备必须被设计成能在预先确定的周期内完成传输。但是，如果多个不同的主设备试图访问同一个从设备，从设备发出分裂或者重试响应以表示从设备不能处理，那么就有可能发生总线死锁。

图 4.41 所示为分裂传输。

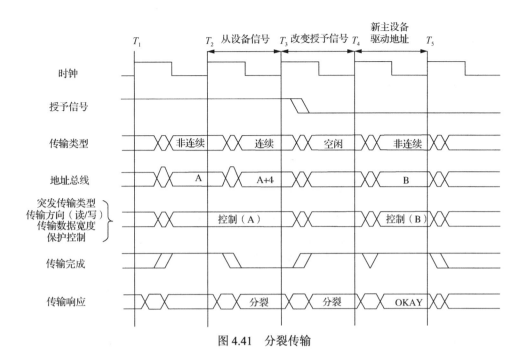

图 4.41 分裂传输

在图 4.41 中，传输地址在时间 T_1 之后出现在地址总线上。在时钟沿 T_2 和 T_3 后，从设备返回两个周期的分裂响应；在第一个响应周期的末尾（T_3），主设备能够检测到传输将会被分块，因此改变接下来的传输类型信号以表示一个空闲传输；同时总线仲裁器采样到响应信号，并确定传输已经被分块。之后总线仲裁器可以调整仲裁优先权，并且在接下来的周期改变授予信号，这样新的主设备能够在时间 T_4 后被授予地址总线，并立刻访问地址总线。

4.3.1.3 Outstanding

如果控制和数据通道分离，就可以独立地发出地址和控制信息，先发地址，后发数据。

主设备访问从设备时，总线和从设备会引入延时。如果主设备可以不需要等本操作完成就发出下一个操作，那么从设备就可以流水化处理来自主设备的控制流以实现提速。同时，对主设备而言，其也可以访问不同的地址和从设备，实现对不同从设备的连续操作。

Outstanding 操作是指主设备不等待从设备的返回数据就继续发出下一个操作，让数据在该主设备以外（如互连模块）排队，排队的数据数量根据设置的缓冲来确定。当然，也不能无限制发送，否则有可能引起总线拥塞，进而堵住其他 IP。如图 4.42 所示，发出 A11 地址后，在完成 D11～D14 的传输之前，又发出了 A21 地址。

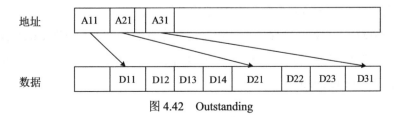

图 4.42 Outstanding

4.3.1.4 乱序传输

引入 Outstanding 操作后,从设备返回数据的先后顺序可能不同于主设备发送地址的顺序,从而导致出现乱序传输(Out-of-Order Transfer)。Outstanding 针对的是主设备发送的地址,乱序针对的是从设备返回的数据。在图 4.43 中,地址的发送顺序是 A11、A21、A31,返回数据的顺序则可能是 D21、D31、D11。

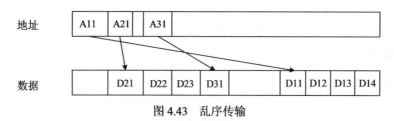

图 4.43 乱序传输

乱序传输能够提高系统性能。当存在多个从设备时,内部互连模块允许响应快慢不同的从设备,乱序返回数据,如后访问的从设备比先访问的从设备先返回数据。如果主设备要求数据必须按照访问顺序返回,则必须使用相同 ID;如果主设备不要求按访问顺序返回数据,可以通过使用不同 ID 来实现乱序传输。也就是说,是否乱序传输可以通过主设备的访问 ID 来控制,同一 ID 必须顺序传输。

为了提高总线数据传输带宽和利用率,AXI 协议规定主设备可以以 Outstanding 方式传输数据,而从设备可以乱序传输,当多次传输发生时,就需要保证每一次传输都能按照预期顺序来完成操作。AXI 的保序模型(Ordering Model)规定了以下一系列传输行为。

① 同一 ID 的事务必须保序(Ordered),不同 ID 的事务则没有次序限制。对于同一 ID,从设备必须顺序返回数据。

② 对于 ARID(读地址通道的事务 ID),同一主设备要求同一 ID 事务的返回顺序必须与其命令发送顺序一致,此要求必须得到互连模块的保证。

③ 对于 AWID(写地址通道的事务 ID)和 ARID,AXI 协议中没有限制。如果主设备要求必须先读后写,则此要求必须得到互连模块的保证。简单的主设备可以选择按顺序依次处理事务,不支持 Outstanding。

④ 对于写数据次序(Writing Data Ordering),如果从设备不支持写数据间插,那么主设备的数据发送顺序必须与地址发送顺序一致,此要求必须得到互连模块的保证。

⑤ 对于读/写之间的交互(Interaction),AXI 协议中没有规定读/写之间的关系,必须由主设备来保证一个操作结束之后,再发送下一个操作。

⑥ 对于外设,主设备必须保证事务按发送次序到达外设,不出现 Outstanding。

⑦ 对于存储器,主设备需要有地址检查,以保证出现相同/重叠地址时,事务必须一个个发送,不出现 Outstanding。

4.3.1.5 数据间插

当存在 Outstanding 和乱序传输时，可能会出现数据间插（Data Interleaving）。乱序传输与数据间插的概念并不相同，差异在于出现的粒度，其中乱序传输出现在突发这个粒度，数据间插则出现在拍这个粒度。乱序传输是指从设备返回主设备的数据与接收到的命令顺序无关，如先接到 A 命令，再接到 B 命令，但可以先返回 B 命令的数据，再返回 A 命令的数据。数据间插是指写数据或者返回的读数据按不同 ID 交织出现，比如 A 命令的数据和 B 命令的数据可以交错，如 A1、B1、A2、B2、B3……。

乱序传输与数据间插都有深度，一般乱序传输的深度比数据间插大得多。间插深度表示突发传输之间可以交叠的个数。如图 4.44 所示，D11 和 D12 之间插入了 D23，间插深度为 2。

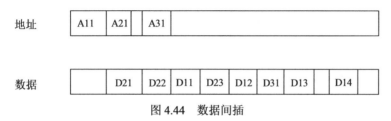

图 4.44　数据间插

对主设备来说，如果是写操作，则不会主动发起乱序传输及数据间插，因为这样会明显增加复杂度，但却没有提高自身效率；如果是读操作，主设备发出两个读命令给不同的从设备，由于响应速度不同，有可能出现后一个命令对应的读数据先返回且数据之间有间插，所以必须支持乱序传输及数据间插。同理，对从设备来说，必须支持乱序传输及数据间插的情况，但不建议返回乱序传输及数据间插的读数据。

但是，多个主设备的写数据通过互连模块后可能会出现数据间插，多个从设备的读数据通过互连模块后也可能会出现数据间插。在一个系统中，数据间插会明显增加设计复杂度，因此可以规定主设备、从设备及连接总线都不支持数据间插，以降低复杂度，但必须支持乱序传输。

4.3.1.6 原子操作

原子操作是指操作在一次存取中生效，即一个原子操作不能在中途停止，要么完整发生，要么不发生。

假定地址 A 存放了一个数据，操作 1 想要将地址 A 的数据读出来，加 1 后再放回去，操作 2 想要将地址 A 的数据读出来，加 2 后再放回去，那么在实际执行时，这两个操作就必须设置成原子操作，即顺序进行"读、写、读、写"，这样才能保证最终结果恒定且正确。如果两个操作同时进行或交叉进行（如"读、读、写、写"），就会导致两个操作中的一个被覆盖，结果不恒定且错误。

原子操作有两种类型：锁定和独占。

（1）锁定。

锁定是原子操作的一种，如图 4.45 所示。某个主设备可以通过锁定总线来实现独占总线。只有当该主设备完成传输后才释放出总线，其间不允许其他主设备访问该从设备。总线内部的总线仲裁器将强制执行此机制，但会降低总线效率，影响其性能。

AXI3 必须要支持锁定。但实际上大多数组件并不需要锁定事务，加之其实现会显著影响互连模块，所以 AXI4 不再支持，建议仅用于传统设备。

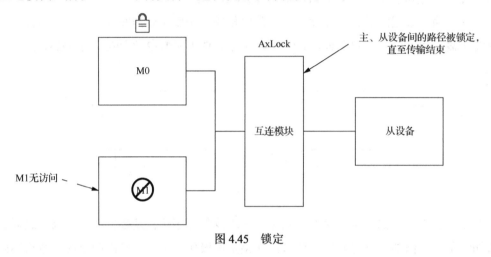

图 4.45 锁定

（2）独占。

独占是另一种原子操作。总线在操作期间不需要一直锁定给特定主设备，但对同一个地址不能同时进行多个操作。换句话说，当一个主设备正在访问从设备时，其他主设备也可以访问该从设备，但不能访问相同的地址。相比锁定，独占不需要将总线锁定给某个主设备，而是通过标记 ID 及从设备返回的响应来判断当前的传输是否成功。

主设备首先向从设备的某个地址发起独占读操作，从设备的监视器会记录下该主设备的 ARID 和要访问的地址，返回 EXOKEY。一段时间以后，又有主设备向同一地址发起独占写操作，从设备同样要记录发起该操作的主设备的 AWID 和要访问的地址。如果 AWID 与 ARID 相同，并且地址没有改变，即没有其他主设备访问过，那么此写操作成功，于是该地址上的数据会更新，同时从设备会返回 EXOKEY，否则，从设备会返回出错标志 OKEY。

独占操作允许多个主设备同时请求总线，如同时访问某个从设备。独占操作既不会影响关键总线的访问延迟，也不会影响总线可达到的最大带宽。

从设备需要额外的逻辑来支持独占操作，对单端口的从设备来说，可以使用外部访问监视器（Access Monitor），对多端口的从设备来说，则必须使用内部监视器。

4.3.2 AMBA 总线的发展历程

AMBA 总线是 ARM 公司设计的一种用于高性能嵌入式系统的开放总线标准，拥有众多第三方支持，被绝大多数合作伙伴所采用，已经成为广泛应用的互连标准。

AMBA 总线独立于处理器和制造工艺技术，通过使用 ACE、AXI、AHB、APB 和 ATB 等定义了 SoC 上各模块的总线协议，增强了各种外设和系统宏单元的可重用性，满足了嵌入式系统产品的快速开发要求。

（1）AMBA 总线概述。

AMBA 总线定义了一套 SoC 片上通信的标准，如图 4.46 所示。

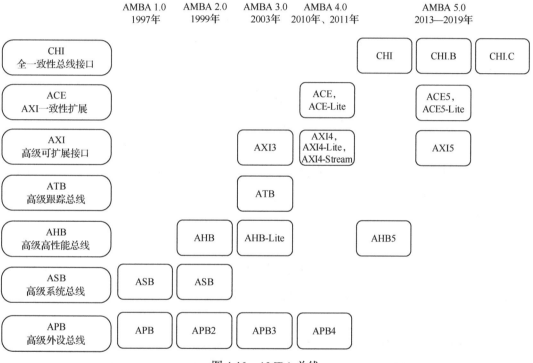

图 4.46　AMBA 总线

ASB（Advanced System Bus）：高级系统总线，适用于连接高性能的系统模块，目前已很少使用。

APB：高级外设总线，用于低带宽外设之间的连接。

AHB：高级高性能总线，用作系统总线。

ATB：高级跟踪总线，用于在芯片间传输跟踪数据。

AXI：高级可扩展接口，在复杂的 SoC 中可连接较多的主、从设备。

ACE（AXI Coherency Extensions）：AXI 一致性扩展，用于维护多处理器系统的高速缓存一致性。

CHI（Coherent Hub Interface）：全一致性总线接口，用于许多服务器与网络应用程序所需要的高可扩展性的 SoC。

① AMBA 1.0。

ASB、APB 是 AMBA 1.0 的一部分。其中，ASB 用作处理器与外设之间的互连总线，已被 AHB 取代。APB 为系统的低速外设提供低功耗的简易互连。

② AMBA 2.0。

AMBA 2.0 引入的 AHB 是 AMBA 2.0 中最重要的一部分，用于高性能、高吞吐量设备（如 CPU、DMA 控制器、DSP）之间的连接。

③ AMBA 3.0。

AMBA 3.0 除增加 AHB-Lite 精简协议、升级 APB 外，还为了适应高吞吐量传输引入了 AXI3。另外，AMBA 3.0 增加了 ATB，为调试和跟踪提供了解决方案。

④ AMBA 4.0。

AMBA 4.0 除进一步升级 APB 外，还主要增加了 AXI4、AXI4-Lite 和 AXI4-Stream 协议，同时引入了 ACE 和 ACE-Lite 协议以满足多处理器的一致性需求。

⑤ AMBA 5.0。

为适应更加复杂的高速片上网络设计，基于信号的 AXI/ACE 协议被基于包的 CHI 协议所取代。CHI 协议对协议层和传输层进行了分离，以满足性能、功耗和面积等方面的不同设计需求。

（2）APB 协议。

APB 协议是一个简单的非流水线协议，读/写操作共享同一组信号，均同步于时钟，不支持突发传输。APB 协议针对低功耗和低复杂性进行了优化，主要用于连接低带宽外设，如 UART 和 I²C 设备等。

在 APB 系统中，通常只有一个主设备，其他均为从设备。一般情况下，APB 挂在 AXI/AHB 系统下，通过 AXI/AHB-APB 转换桥将传输事务在不同总线间进行转化，如图 4.47 所示。

APB2 定义了最基本的信号接口，APB3 增加了信号传输等待（PREADY）和传输失败（PSLVERR）信号。其中，PREADY 由从设备产生，用于扩展 APB 传输；PSLVERR 是一个错误反馈信号，表示当前传输发生了错误。APB4 增加了信号传输保护（PPROT）和选通传输（PSTRB）信号。其中，PPROT 可实现 APB 传输的保护控制，用于表示不同优先级的传输、不同安全属性的数据传输及是数据传输还是指令传输；PSTRB 是写选通信号，指明在写传输期间，需要更新哪个字节的数据。APB 协议的演变过程如图 4.48 所示。

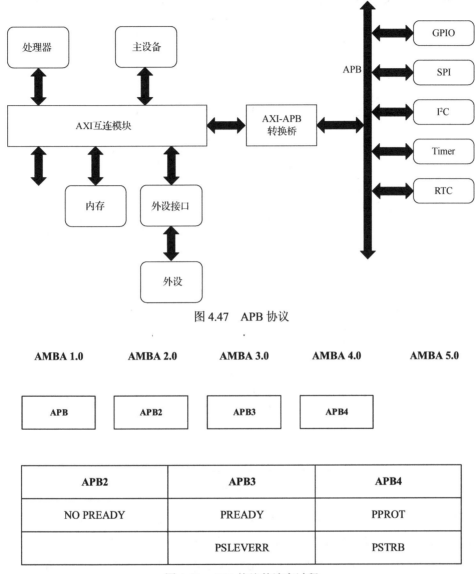

图 4.47　APB 协议

图 4.48　APB 协议的演变过程

（3）AHB 协议。

AHB 用于连接共享总线上需要高带宽的组件，支持高带宽和高频设计所需的功能，包括突发传输、分裂传输、更宽的数据总线配置（64/128 位）等。

AHB 分离了一个总线周期的地址阶段和数据阶段，便于实现现代总线中常用的流水（Pipelining）和分裂技术。AHB 总线逻辑主要包含总线仲裁器、地址译码器和多路选择器，AHB 系统如图 4.49 所示。其中，总线仲裁器根据用户的配置，确保在同一时间总线上只有一个主设备在工作；地址译码器负责对地址进行解码，并为各从设备提供片选信号。主设备可以通过地址和控制信息进行初始化、读和写操作，同一时间只有一个主设备会被激活。

从设备响应主设备发出的读/写操作，并向主设备返回成功、失败、等待等状态。

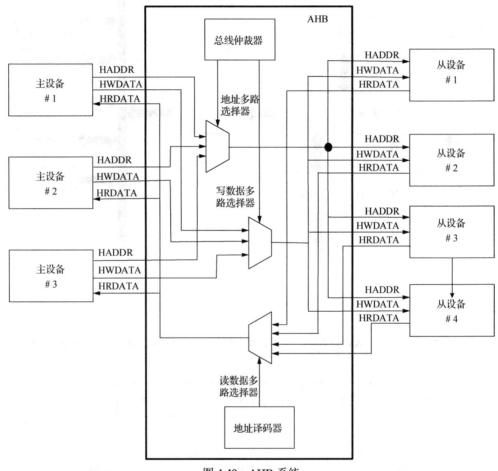

图 4.49 AHB 系统

AHB 协议的演变过程如图 4.50 所示。AHB-Lite 协议是 AMBA 3.0 中的 AHB 协议，简化了 AHB 协议，支持单主设备和多从设备，没有总线仲裁器，消除了对任何仲裁、重试、分割事务等的需求，主要面向高性能、高频率系统设计，其从设备一般是内存器件和高带宽外围器件。AHB5 协议的基本读/写传输信号没有变，但定义了扩展存储器类型的功能，增加了指示安全传输的信号（HNONSEC）、指示独占传输的信号（HEXCL）、独占传输是否成功的信号（HEXOKEY），以及主设备标识信号（HMASTER），支持单主设备和多从设备，没有总线仲裁器，不支持仲裁和重试响应。

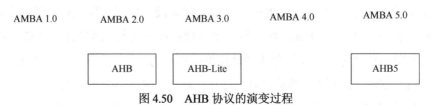

图 4.50 AHB 协议的演变过程

（4）AXI 协议。

AXI 协议是一个点对点的互连协议，突破了 AHB、APB 等共享总线协议在可连接的代理数量方面的限制，适用于高带宽和低延迟互连，支持多个 Outstanding 的数据传输、突发传输、单独的读/写通道和不同的总线宽度，支持乱序传输和数据间插。

① AXI 总线通道。

AXI 总线进一步分离了总线通道，将 AHB 的单通道分解为 5 个独立的通道：读地址（Read Address）通道、读数据（Read Data）通道、写地址（Write Address）通道、写数据（Write Data）通道和写响应（Write Response）通道，如图 4.51 所示。各通道都有自己的握手协议，互不干扰却又彼此依赖，从而进一步加速了对存储器的读/写访问。

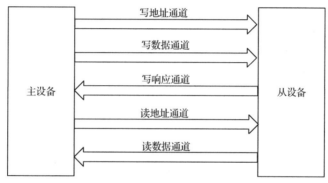

图 4.51　AXI 总线通道

① AXI 读/写操作。

通信由主设备发起，主设备可以对从设备进行读或写操作。每次主设备都需要通过读地址通道和写地址通道发出数据传输请求到从设备（内存或者外设）。如果发出读请求，那么总线先将读请求（包括地址）送到内存控制器，然后等待回应，经过一段时间，内存控制器将从从设备读出的数据返回总线，通过总线再传输给主设备，如果数据无误（ECC 或者奇偶校验不出错），那么读操作完成。如果发出写请求，那么总线将写请求（包括地址）和数据交给总线，由总线传递给内存控制器，当内存控制器写完后，会返回一个确认信号并经总线传输给主设备，写操作完成。因此，单个读指令被分为请求（地址）阶段和完成（数据）阶段，写指令也被分为请求（地址、数据）阶段和完成（写入确认）阶段。

在 5 个通道通信之前，需要使用 VALID/READY 进行握手，通道通信仅发生在 VALID 和 READY 同时有效的情况下：由数据发送端发送 VALID，表示已经将数据、地址或控制信息置于写总线上；由数据接收端发送 READY，表示已经准备好接收数据发送端的信息。当 VALID 和 READY 同时有效时，在时钟上升沿到达后，开始数据传输；完成数据传输后，两个信号置为低电平。VALID/READY 机制使用双向流控机制，数据发送端通过 VALID 的状态控制发送速度的同时，数据接收端也可以通过 READY 状态控制接收速度，以匹配数据发送端的发送速度。

在握手过程中，还会用到 LAST 信号，用于标记突发传输的最后一次数据传输，当从设备接收到 LAST 信号后，说明本次数据传输完成。

对于读操作，主设备可以连续发送 N 个读命令，其间如果没有返回读数据，则需要等待，如果返回读数据，则返回几个便可以接着再发送几个读命令，只要保证"在路上"的读命令（或者读数据）最多是 N 即可。因此，如果数据返回比较慢，那么主设备需要等待，从而导致效率降低。为了提高效率，有必要提高 Outstanding 能力，以弥补总线等引入的延迟，但是也不能无限制发送，否则会引起总线拥塞，堵住其他主设备。

对于写操作，主设备可以连续发送 N 个写命令，其间如果没有返回写响应，则必须等待；如果返回写响应，则返回几个便可以接着再发送几个写命令，只要"在路上"的写响应（或者写命令）最多为 N 即可。

读和写两大类操作之间并没有规定先后次序，但在每类操作之内规定了先后次序，如地址最先发出，数据随后。

③ AXI-Lite 协议。

AXI-Lite 协议是 AXI 协议的简化版本，不支持突发传输。

④ AXI-Stream 协议。

AXI-Stream 协议是 AXI 协议的另一种风格，只支持数据流从主设备流到从设备。与完整的 AXI 协议或 AXI-Lite 协议不同，AXI-Stream 协议中没有单独的读/写通道，因为数据只在一个方向上流动。

图 4.52 所示为 AXI-Stream 传输的时序图。首先从设备将 TREADY 信号拉高，表示自己可以接收信号；当主设备将 TDATA、TKEEP、TUSER 准备就绪之后，将 TVALID 拉高，表明传输开始。其中，TKEEP 用于表明 TDATA 相关字节的内容是否作为数据流的一部分被处理，TUSER 是用户定义的边带信息，能伴随数据流进行发送。在 TDATA 的最后一个字节数据处，TLAST 发送一个高电平脉冲以表明数据发送完毕。随后 TVALID 变为低电平，表明传输结束。

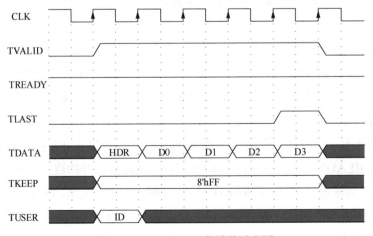

图 4.52 AXI-Stream 传输的时序图

（5）ACE 协议。

ACE 协议作为 AXI4 的扩展而被开发，以支持一致性互连。ACE 协议扩展了 AXI 读/写数据通道，同时引入了单独的监听地址、监听数据和监听响应通道。这些额外的通道提供了实现基于监听的一致性协议的机制。ACE 协议确保所有主设备都能看到任何地址的正确数据，从而避免了由软件来维护高速缓存一致性。ACE 协议还提供屏障事务来保证系统内多个事务的排序，支持分布式虚拟内存（DVM）功能。

由于通过增加通道来进行监听和响应，产生了大量的互连走线，因此 ACE 协议适用于在单一芯片上集成了多个处理器核并需要保证实现高速缓存一致性的场合。

对于没有缓存，但仍属于可共享一致性域的设备，如 DMA 控制器或网络接口，使用 ACE-Lite 协议可以实现单向的 I/O 一致性，如图 4.53 所示。

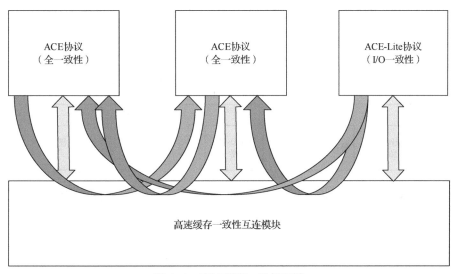

图 4.53　高速缓存一致性互连

4.4　通信总线和系统总线

通信总线是 SoC 与外设之间的总线，因用于设备一级的互连，也称外部总线，其中通用串行总线（USB）是常用的一种通信总线。

系统总线用于连接各功能部件，从而构成一个完整的芯片系统，也称为板级总线，包括 PCI 总线、PCI-e 总线等。

4.4.1　PCI 总线

PCI 总线由 Intel 公司推出，是最流行的总线之一。PCI 总线定义了 32 位数据总线，且可扩展为 64 位，其地址总线与数据总线分时复用，支持即插即用。总线时钟频率为 33.3MHz 或 66MHz，最大数据传输速率为 133MB/s 或 264MB/s。

PCI 总线是一种树状结构，可以挂接 PCI 设备和 PCI 桥，只允许有一个主设备，其他均为从设备。读/写操作只能在主、从设备之间进行，从设备之间的数据交换需要通过主设备中转。

在图 4.54 中，PCI 总线#0 挂接了内存、音频设备、视频设备等不同外设，PCI 总线#1 通过 PCI-to-PCI 桥挂接到 PCI 总线#0。

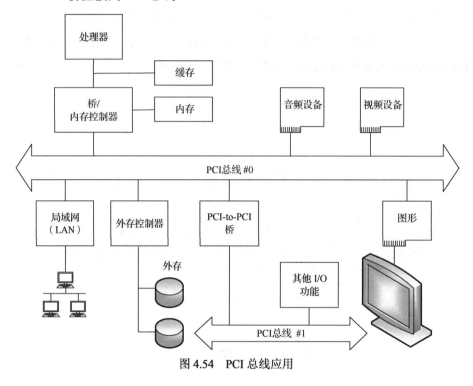

图 4.54 PCI 总线应用

（1）PCI-e 总线。

当长距离高速传输数据时，并行连线的直接干扰异常严重。为此，Intel 等公司提出了第三代通信总线——PCI-e 总线，用以取代 PCI 总线和多种芯片的内部连接。与 PCI 总线相比，PCI-e 总线由并行改为串行，通过使用差分信号传输，干扰可以被快速发现并得到纠正，从而大幅提升传输频率，获得比并行总线传输更大的收益。此外，由于地址/数据线太多，PCI 总线使用复用线路实现半双工传输，而 PCI-e 总线改为串行后成了全双工传输。其他的优点还包括布线简单、线路可以加长、多个通道可以整合成为更高带宽的线路等。

① PCI-e 通道。

两个设备间的一条 PCI-e 链路（Link）可包含 1～32 个通道，习惯上用 x1、x4、x8、x16、x32 等方式表示链路所包含的通道数目，也称为 PCI-e 总线的"宽度"或"位宽"。单个通道包含两对差分传输信号线，其中一对用于接收数据，另一对用于发送数据，故每个通道有 4 根差分传输信号线。从逻辑上看，每个通道都是一条双向的比特流传输通路，如图 4.55 所示。

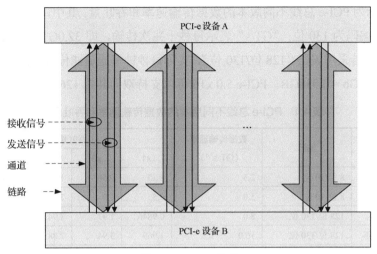

图 4.55　PCI-e 总线

② PCI-e 总线的拓扑结构。

PCI-e 总线是一种点对点串行连接的设备连接总线，各设备之间并发的数据传输互不影响。PCI-e 总线的拓扑结构包括根复合体（Root Complex）、交换器（Switch）、PCI-e 桥和端点设备（Endpoint）四大类设备，如图 4.56 所示。

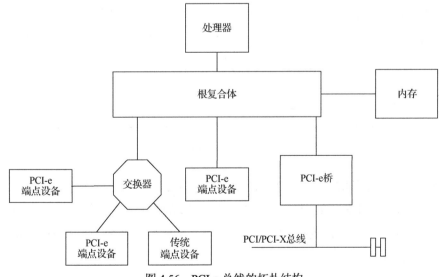

图 4.56　PCI-e 总线的拓扑结构

根复合体是处理器与 PCI-e 总线的接口。交换器具有路由功能，允许多个设备连接到一个 PCI-e 接口，用于扩展 PCI-e 总线。PCI-e 桥负责 PCI-e 总线与其他总线的转换连接，如连接 PCI 总线、PCI-X 总线或另一条 PCI-e 总线。端点设备是具有 PCI-e 接口的各种设备，分为 PCI-e 端点设备和传统端点设备。

PCI-e 总线从 PCI-e 1.0 发展到 PCI-e 5.0，每一代的带宽都在上一代带宽的基础上大约翻倍。表 4.1 所示为 PCI-e 总线不同版本的数据传输速率和吞吐量。其中，编码"128 位/130 位"意为将 128 位编码为 130 位；"GT/s"表示每秒千兆次传输，即 32.0GT/s 对应每秒每通道传输 32000M 次。若采用编码"128 位/130 位"，实际每秒钟每通道能传输的比特位是 32000M× 128/130 ≈ 31.508Gb = 3.938GB。PCI-e 5.0 x16 可以支持双向共约 126GB/s 的可用数据带宽。

表 4.1 PCI-e 总线不同版本的数据传输速率和吞吐量

版本	发布时间	编码	数据传输速率/ (GT·s^{-1})	吞吐量/(GB·s^{-1})				
				x1	x2	x4	x8	x16
PCI-e 1.0	2003 年	8 位/10 位	2.5	0.25	0.50	1.0	2.0	4.0
PCI-e 2.0	2007 年	8 位/10 位	5.0	0.5	1.0	2.0	4.0	8.0
PCI-e 3.0	2010 年	128 位/130 位	8.0	0.9846	1.97	3.94	7.88	15.8
PCI-e 4.0	2017 年	128 位/130 位	16.0	1.969	3.94	7.88	15.75	31.5
PCI-e 5.0	2019 年	128 位/130 位	32.0	3.938	7.88	15.75	31.51	63.0

注：吞吐量 = 数据传输速率 × 编码。

4.4.2 USB

USB 是由 Intel 等 7 家世界著名的计算机和通信公司共同推出的一种新型接口标准。

USB 1.0/USB 2.0 采用四根电缆，其中两根是用来传送数据的串行通道，另两根用于为下游设备提供电源。在图 4.57 中，"D+"和"D−"组成一对差分信号线用于数据传输，VBUS 和 GND 对应 5V 电源和地。USB 3.0 增加了两对差分信号线以实现更高速的数据传输。

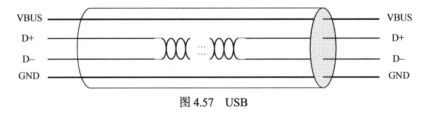

图 4.57 USB

USB 接口支持设备的即插即用和热插拔功能。快速是 USB 技术的突出特点之一，大多数处理器都具备全速 USB（FS-USB）性能，FS-USB 的最大数据传输速率为 12Mb/s，由于 USB 协议本身的数据包开销较高，因此其实际吞吐量约为 6Mb/s。USB 不同版本的数据传输速率如表 4.2 所示。

表 4.2 USB 不同版本的数据传输速率

标准版本	最大数据传输速率	官方代号	支持电压/电流
USB 1.0	1.5Mb/s	低速（Low Speed）	5V/500mA
USB 1.1	12Mb/s	全速（Full Speed）	5V/500mA

续表

标准版本	最大数据传输速率	官方代号	支持电压/电流
USB 2.0	480Mb/s	高速（High Speed）	5V/500mA
USB 3.2 Gen1	5Gb/s	超高速（Super Speed，5Gb/s）	5V/900mA
USB 3.2 Gen2 x1	10Gb/s	超高速（Super Speed，10Gb/s）	20V/5A
USB 3.2 Gen2 x2	20Gb/s	超高速（Super Speed，20Gb/s）	20V/5A
USB 4.0	40Gb/s		20V/5A

USB 基于通用连接技术，实现外设的简单、快速连接，达到方便用户、降低成本、扩展连接外设范围的目的，可以为外设提供电源。

小结

- 总线是连接 SoC 内部的处理器存储器、存储器、外设及应用模块等的信息传输线。其中，系统总线是处理器与各设备之间的总线，通信总线是芯片和外设之间的总线；存储总线是处理器与存储器之间的总线。在 SoC 系统中引入互连总线标准，解决了数据通信、接口标准化和系统扩展的问题。常用的总线有 AMBA 总线、PCI 总线等。
- 总线按位置分类，可分为芯间总线、片上总线；按功能分类，可分为地址总线、数据总线和控制总线，数据总线和地址总线可以复用；按数据传输方式分类，可分为串行总线和并行总线；按总线时序分类，可分为同步总线、异步总线、半同步总线。
- 总线的传输能力由总线宽度和工作频率决定，总线的主要技术指标是总线频率、总线宽度、总线带宽，以及总线通信方式、总线复用等。总线设计主要包括总线结构、总线构件、总线仲裁、总线操作和定时。
- 转换桥实现模块之间的接口协议转换、数据位宽转换和时钟跨越。
- 仲裁机制会影响总线的利用效率和延迟。常用的仲裁机制有轮询机制和优先级机制。
- 通过总线进行信息交换的过程称为总线操作。从请求总线到总线使用完毕的操作序列称为总线事务，典型的总线事务包括请求操作、裁决操作、地址传输、数据传输和总线释放。总线时序是指总线操作过程中各信号在时间顺序上的配合关系，可分为同步总线时序、半同步总线时序、异步总线时序和周期分裂式总线时序。
- AMBA 总线是 ARM 公司推出的片上总线，常用的有 APB、AHB、AXI、ACE 和 CHI。
- PCI 总线和 PCI-e 总线是常用的系统总线，USB 是常用的通信总线。

第 5 章

外设及接口子系统

芯片各种应用所需的外设种类繁多，因此其处理器与外设进行数据交换时存在诸多不匹配问题。其一是速度不匹配，外设的工作速度比处理器要慢许多，并且不同种类外设的工作速度差异也很大；其二是时序不匹配，各个外设有各自的定时控制电路，无法与处理器的时序相统一；其三是信息格式不匹配，不同外设存储和处理信息的格式不同，有串行和并行，有二进制编码、ACSII 编码和 BCD 编码等；其四是信号类型不匹配，有的外设采用数字信号，有的外设采用模拟信号，导致处理方式也不同。解决不匹配问题的办法是使处理器与外设之间的数据交换必须通过接口来完成，包括接口硬件电路和相应的驱动程序。

I/O 设备一般由设备控制器和设备组成。其中，设备控制器负责从处理器接收命令并完成命令的执行，如将读命令转换成对对应设备的物理操作；设备通常是一个接口，需要通过设备控制器来连接。每个设备控制器都有用于通信的寄存器，每个寄存器表现为一个 I/O 端口，处理器通过 I/O 端口就能访问对应的 I/O 设备。

本章第一节介绍 I/O 接口，第二节介绍 I/O 通信，第三节介绍芯片接口，接下来三节分别介绍串行接口、音频与视频接口、网络接口，最后一节介绍系统外设。

5.1 I/O 接口

接口用于解决处理器与外设之间的信号不匹配（功能定义、逻辑定义、时序关系）和速度不匹配问题，实现速度匹配、缓冲、数据格式转换和电平转换等功能。

I/O 接口电路中的各类寄存器和相应的控制逻辑统称为 I/O 端口，处理器通过对 I/O 端口进行读/写操作来实现对外设输入、输出的控制。

一个 I/O 接口包括多个不同类型的 I/O 端口，如数据端口、状态端口、命令端口，除此之外，还有中断控制逻辑（负责中断请求信号的建立与撤销）等，如图 5.1 所示。各 I/O 端口根据端口地址区分。

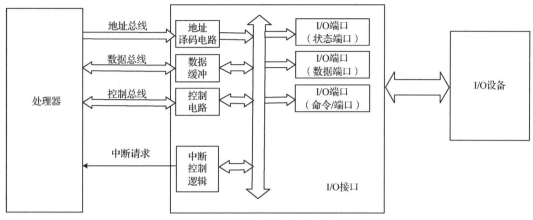

图 5.1　I/O 接口的典型结构

处理器与外设通信时，主要传输数据信息、状态信息和控制信息。在 I/O 接口电路中，这些信息分别进入不同的寄存器。数据信息包括数字量、模拟量和开关量；状态信息是指表征外设工作状态的信息，由外设经总线送至处理器；控制信息是指处理器通过总线发出的控制外设工作的信息。

① 数据端口。

数据端口主要起数据缓冲作用，用来存放处理器与外设之间需要交换的数据，长度一般为 1~2B。

② 状态端口。

状态端口用于指示外设的当前状态，通常使用以下几个常见状态位。

准备就绪位（Ready）：输入端口的准备就绪位表明端口的数据寄存器是否已经准备好数据，等待处理器来读取；输出端口的准备就绪位表明端口的输出数据寄存器是否已空，可以接收下个数据。

忙碌位（Busy）：表明输出设备是否能接收数据。

错误位（Error）：表明在数据传输过程中是否产生了错误，有待处理器进行相应处理。可以设置若干错误位，以表明不同性质的错误，如奇偶校验错、溢出错等。

③ 命令端口。

命令端口用来存放处理器向 I/O 接口发出的各种命令和控制信号，控制 I/O 接口或设备的动作，也称为控制端口。常见的命令有启动、停止、允许中断等。

5.1.1　I/O 接口的基本功能

I/O 接口的基本功能包括数据缓冲、信息转换、I/O 端口选择，以及外设控制和管理。

(1) 数据缓冲。

I/O 接口电路中一般都设有数据寄存器或锁存器数据口，并配以适当的联络信号，事先要准备好待传输数据，并在需要时完成传输，以避免因速度失配而丢失数据。

(2) 信号转换。

外设所提供的数据、状态和控制信号可能与芯片的总线信号不兼容，所以 I/O 接口电路应进行相应的信号转换。例如，芯片与外设之间通信时，经常采用电平转换驱动器来解决电平不一致问题，利用信息转换逻辑来满足各自的格式要求（如常见的模拟量与数字量转换），利用"并串"和"串并"电路来处理数据宽度与数据格式转换。

(3) I/O 端口选择。

芯片通常存在多个外设，每个外设都需要与处理器交换多种信息，但处理器在任一时刻只能与 I/O 接口电路中的一个端口交换信息，因此 I/O 接口电路中经常含有若干 I/O 端口，通过 I/O 接口中的地址译码电路对其寻址。

(4) 外设控制和管理。

I/O 接口电路接收处理器发出的命令或控制信号，实施对外设的控制与管理；在命令执行前后及执行期间，处理器从状态端口获得外设及 I/O 接口电路的工作状态和应答信号。

I/O 接口中应设置中断控制器，以便处理器处理有关中断事务，还应设置 DMA 控制逻辑，通过请求-应答的握手机制完成 DMA 传输。

5.1.2　I/O 端口编址

每个 I/O 端口都有各自的物理地址（或端口号），采用内存映射编址或端口映射编址，处理器据此进行 I/O 操作。

(1) 内存映射编址。

内存映射编址是指内存和 I/O 端口使用相同的地址总线，共享同一个地址空间，处理器以相同命令访问内存或 I/O 端口，也称为 I/O 端口统一编址，是应用最广泛的一种 I/O 端口编址方法，如图 5.2 所示。

在内存映射编址中，I/O 端口的编址空间较大，外设数量或 I/O 寄存器数量几乎不受命令限制，处理器的读/写控制逻辑较简单，且访问外设的命令类型多、功能齐全，可以实现 I/O 操作、对端口内容的算术逻辑运算和移位等。但是，I/O 端口占用了一部分地址空间，致使内存的地址空间减小，并且命令较长，其地址译码电路相对复杂，执行速度较慢。内存映射方式如图 5.3 所示。

(2) 端口映射编址。

端口映射编址是指处理器为 I/O 端口设置专门的地址空间，称为 I/O 地址空间或 I/O 端口空间，所有外设的 I/O 端口均在此空间中进行编址。同时，处理器设置专门的 I/O 命令来访问此空间。在处理器的物理接口上增加一个 I/O 引脚或者增加一条专用的通信总线，以实现地址空间的隔离，因此端口映射编址也称为被隔离的 I/O（Isolated I/O），如图 5.4 所示。

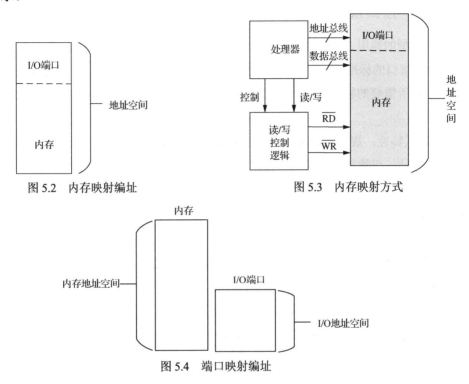

图 5.2　内存映射编址　　　　　图 5.3　内存映射方式

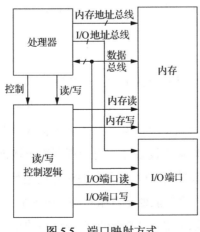

图 5.4　端口映射编址

在端口映射编址中，I/O 端口的地址空间一般较小，所用地址线也较少，并且 I/O 命令短，地址译码电路比较简单，执行速度快。不过相应地，专用 I/O 命令的类型少、功能简单，远不如内存映射编址中访问外设的命令类型丰富，并且处理器需要提供内存读/写、I/O 端口读/写两组控制信号，如图 5.5 所示。

图 5.5　端口映射方式

如果系统设计需要，一个系统中可以同时使用两种编址方式。但是，为了减少引脚和面积，有些 SoC 只支持内存映射编址。

5.1.3　I/O 接口规范

很多典型的通用 I/O 接口已形成业界公认的规范，如 USB、HDMI 等。

在 I/O 接口的标准定义中，规定了机械、电气、功能和规程特性，用于创建、维持、拆除传输数据所需要的物理链路。除此之外，也可能纳入数据块格式、数据块检验方式等链路层功能。

① 机械特性：规定通信实体间硬件连接 I/O 接口的机械特点，如 I/O 接口所用接线器的形状和尺寸、引线数量和排列、固定装置等。

② 电气特性：规定在物理连接上，导线的电气连接及有关电路的特性，一般包括接口电缆各条线上的电压、信号识别、最大数据传输速率、发送器的输出阻抗、接收器的输入阻抗等电气参数。

③ 功能特性：规定物理接口各条信号线的用途，如某条信号线上出现的高/低电平的含义。接口信号线分为数据线、控制线、地址线、时钟线和接地线等。

④ 规程特性，规定 I/O 接口传输比特流的全过程，以及不同事务发生的先后顺序，规定物理连接建立、维持和交换信息时，收发双方在各自电路上的动作序列。

5.1.4　传输数据的控制方式

处理器与外设之间传输数据的控制方式通常有三种：程序方式、中断方式和 DMA 方式。

1. 程序方式

处理器运行软件，使用 I/O 指令来控制数据传输，可进一步分为无条件传送方式和条件传送方式（查询方式）。

（1）无条件传送方式。

无条件传送方式是指外设已处于就绪状态，传输数据时，程序直接执行 I/O 命令进行数据传输而不再查询外设状态。无条件传送方式适用于少量数据的传输。

一些简单外设使用缓冲器来传输数据。当其用作输入设备时，存储输入数据并随时准备好向处理器发送；当其用作输出设备时，用于锁存输出数据并随时准备好接收处理器发送的数据，这样处理器就能够使用 I/O 命令直接对外设进行操作，但是数据传输不能太频繁，以保证每次传输数据时外设都能处于就绪状态。图 5.6 中，由于处理器的速度很快，因此输入端使用三态缓冲器，以免输入数据影响系统总线的正常使用，输出端则使用数据锁存器以锁存输出数据。

（2）条件传送方式。

条件传送方式是指在传输数据前先查询外设的状态，当外设准备就绪时，处理器才执行 I/O 命令，传输数据；当外设未准备就绪时，处理器需等待，如图 5.7 所示。

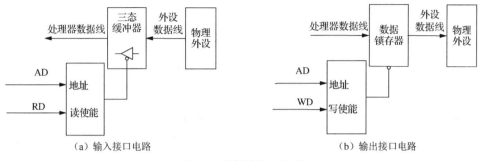

图 5.6　无条件传送方式

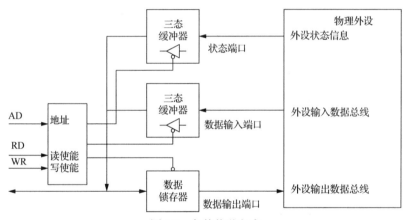

图 5.7　条件传送方式

实际系统中往往有多个外设与处理器交换信息，处理器的查询顺序根据外设的中断优先级或者采用轮流查询法来确定，查询流程如图 5.8 所示。

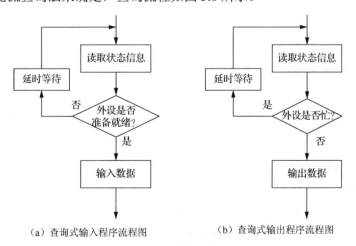

图 5.8　查询流程

条件传送方式能保证处理器与外设之间同步协调工作，硬件线路比较简单，程序也容易实现。但是，处理器不断查询外设状态会花费大量时间，从而大大降低其利用率。此外，由于各个外设的 I/O 操作必须按顺序处理，实时性较差，因此此方法适用于数据 I/O 不太频繁且外设较少、对实时性要求不高的情形。

2．中断方式

为了提高处理器的效率、增强系统的实时性，并且及时反映随机出现的各种异常情况，通常采用中断方式。

在中断方式下，外设掌握着向处理器申请服务的主动权，处理器不需要查询外设的状态。当输入设备准备好数据或者输出设备准备好接收数据时，向处理器发出中断请求，要求处理器为其服务。若此时中断被允许，则处理器暂停当前工作，与外设进行一次数据传输，数据传输完成以后，处理器继续执行原来的程序，如图 5.9 所示。

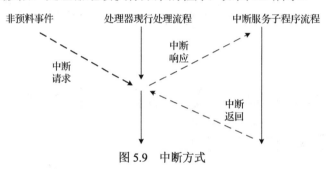

图 5.9　中断方式

中断方式能够保证处理器对外设的实时服务，使高速处理器与各种速度的外设之间形成良好的匹配关系，从而确保处理器的高效率，但是中断控制器的设置会增加硬件开销。

（1）中断源。

中断常被定义为一个事件，该事件改变处理器执行命令的顺序，通常分为同步中断和异步中断。同步中断又称为异常（Exception），异步中断通常简称为中断。

异常由程序错误或必须由内核处理的异常条件产生，因为只有在一条命令终止执行后，处理器才会发出中断请求，故称为同步中断，其可以进一步分为故障（Fault）、陷阱（Trap）、异常中止（Abort）和编程异常（Programmed Exception）。

中断由间隔定时器和 I/O 设备产生。I/O 设备发出的所有中断请求可以是可屏蔽中断或非屏蔽中断，具体由中断控制器设定。只有几个危急事件（如硬件故障等）才引起非屏蔽中断，由处理器确认。

（2）中断接口电路。

图 5.10 所示为中断输入接口电路。当外设准备好输入数据后发出选通信号，数据进入输入锁存器，并同时将中断请求触发器置"1"。如果中断屏蔽触发器允许中断（Q 端输出"1"），则可以产生中断请求信号。中断响应信号到达后将撤销中断请求信号。

在芯片级，中断控制器产生的中断信号或者外设的直接中断请求将送至处理器。处理器通常自带中断控制和处理模块，可以管理多个中断源并处理多种不同类型的中断，如图 5.11 所示。

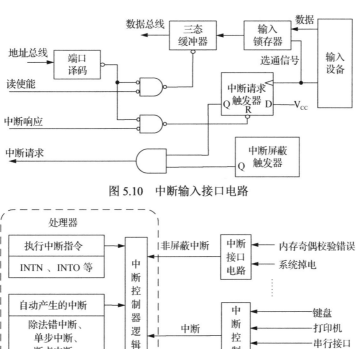

图 5.10 中断输入接口电路

图 5.11 中断控制和处理模块

（3）向量中断控制器。

图 5.12 中，向量中断控制器（Vector Interrupt Controller，VIC）接收到 32 个中断请求信号，处理器则具有两个中断输入，分别为普通中断请求（IRQ）和快速中断请求 FIQ。其中，FIQ 处理一些特殊的中断源，具有最高中断优先级。通用中断控制器监视中断请求线，检查所产生的信号。如果有两条以上的中断请求线上产生信号，就选择中断优先级较高的。出现输出中断在请求线上的触发信号（IRQ/FIQ）将被发送到处理器的中断引脚，等待处理器确认。

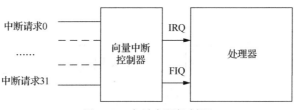

图 5.12 向量中断控制器

中断优先级有三种管理方式：软件管理（软件查询）、中断优先级编码电路（硬件排序）、菊花链式优先级排队电路（硬件排序）。

① 软件管理。

若系统中具有多个外设，则它们的中断请求信号相"或"后产生一个总的中断请求信号 INTR 并将其发送给处理器。处理器读取中断请求寄存器后可获知中断源，之后程序根据中断优先级选择处理顺序，如图 5.13 所示。

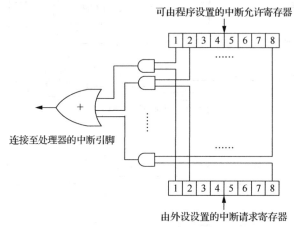

图 5.13 软件管理

② 中断优先级编码电路。

在图 5.14 中，8-3 编码器每条输入线的有效电平都对应一个编码，在多条输入线有效时，8-3 编码器只输出中断优先级最高的编码。中断优先级寄存器中记录的是处理器当前正在处理的中断的编码。若 8-3 编码寄存器输出的编码小于中断优先级寄存器输出的编码，比较器输出"1"，可以产生中断嵌套。中断优先级失效信号用于一种特殊屏蔽中断方式，在这种方式下，所有中断源的中断优先级没有高低之分。

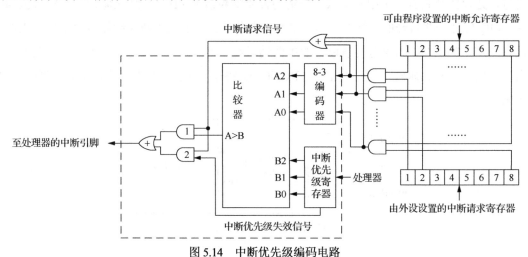

图 5.14 中断优先级编码电路

当任一外设对应的中断请求位和中断允许位同时为"1"时，即可产生中断请求信号。在两种情况下，该中断请求信号能传送至处理器的中断引脚：比较器输出"1"时，该中断请求信号可通过与门 1 送出；中断优先级失效信号为"1"时，中断请求信号可通过与门 2 送出。

③ 菊花链式优先级排队电路。

在图 5.15 中，每个中断源的接口电路中设置一个逻辑电路，组成一个菊花链。处理器发出中断响应信号后，若设备 1 无中断请求，则与门 A1 关门，A2 开门，中断响应信号继续向下一级传送。若设备 2 有中断请求，则与门 B1 开门，中断响应信号送至设备 2，同时 B2 关门，中断响应信号不再向下传送，设备接入菊花链的顺序就确定了设备的中断优先级。

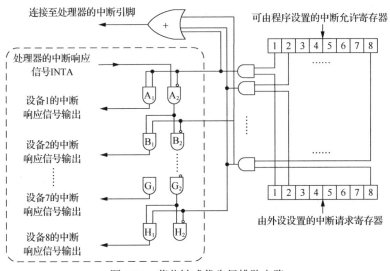

图 5.15　菊花链式优先级排队电路

（4）处理器中断控制器。

处理器内部的中断控制器处理芯片内的所有中断和异常，包括非屏蔽中断、硬件错误（Hard Fault）、内存管理错误（Memory Management Fault）、总线错误（Bus Fault）、使用错误（Usage Fault）等，除此之外，还处理众多外部中断。

① 中断向量。

为了能够识别不同的中断源，中断控制器会对中断源进行命名或编号，此编号被称为中断类型码或中断类型号。中断向量是中断服务程序的入口地址（或首地址），即中断服务程序的第一条命令在存储器中的存放地址。所有中断服务程序的入口地址会集中存放在存储器的特定区域，称为中断向量表（Interrupt Vector Table，IVT）。

一般来说，每个中断源都有自身的中断类型码或中断向量，有自身对应的中断服务程序。中断向量表将中断类型码和中断向量关联起来，当中断发生时，系统根据中断类型码获得中断向量，此过程被称为中断索引。

② 中断触发模式。

中断触发模式一般分为边沿触发和电平触发。其中，边沿触发可分为上升沿触发和下降沿触发；电平触发可分为正电平触发和负电平触发。

③ 中断优先级。

SoC 中存在许多中断请求，每个中断请求都具有一个中断优先级，以区分彼此的先后顺序。若同时出现多个中断请求，处理器将按照事先规定的策略，响应中断优先级最高的中断请求。对外设中断优先级的判断一般可以采用软件查询、硬件排序或专用芯片管理等方法来实现。

④ 中断嵌套。

每个中断有 4 种状态：非活动（Inactive），中断处于无效状态；挂起（Pending），中断处于活动状态，但处理器不响应中断；活动（Active），处理器正在响应中断；活动和挂起（Active and Pending），处理器正在响应中断，但中断源再次发送中断。

如果处理器正在执行中断服务程序时又有中断优先级更高的中断请求到达，并且此时处理器允许中断，则处理器将暂停当前中断服务程序，进入中断优先级更高的中断请求对应的中断服务程序。

⑤ 中断屏蔽。

处理器通过硬件电路和软件设置，对中断源产生的中断请求是否送至处理器的中断引脚进行控制。其中，非屏蔽中断源一旦提出中断请求，处理器必须无条件响应；对于可屏蔽中断源提出的中断请求，处理器可以响应，也可以不响应。

3．DMA 方式

对于大批量数据的 I/O，可采用高速的 DMA 方式，即直接存储器访问方式。

通常情况下，由处理器初始化 DMA，由 DMA 控制器来实现该 DMA，如图 5.16 所示。当初始化 DMA 时，处理器将设置 DMA 通道的地址和计数寄存器，以及数据传输的方向（读取或写入），然后指示 DMA 硬件开始传输操作；当传输结束时，DMA 控制器一般以中断方式通知处理器。

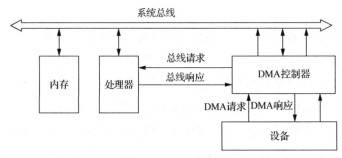

图 5.16　DMA 方式

DMA 方式依靠硬件实现数据传输，优点是数据传输速率很高，特别适用于高速度、大批量数据传输；缺点是需要设置 DMA 控制器、电路结构复杂、硬件开销大。

需要指出的是，DMA 方式并不运行程序，不能处理较复杂的事件。当某事件不只是单纯的数据传输时，仍需要采用中断方式。事实上，以 DMA 方式传输完一批数据后，常采用中断方式通知处理器传输结束。

（1）DMA 请求源。

DMA 传输可以通过硬件和软件来控制其启动。

硬件请求源包括外部中断引脚、外设状态位、计数器，以及一系列 DMA 操作事件，如 DMA 传输完成、新数据等待 DMA 硬件读取、等待 DMA 硬件送出新数据；软件请求源主要是 DMA 使能寄存器。

（2）DMA 协议模式。

DMA 协议使用两种模式：请求模式和握手模式。

在请求模式中，如果 DMA 控制器完成当前 DMA 请求后，该 DMA 请求信号仍然有效，那么 DMA 控制器便认为存在下一次 DMA 请求，并立即开启下一次数据传输。

在握手模式中，一个 DMA 请求信号对应一个 DMA 应答信号。

DMA 控制器完成一次 DMA 请求后，等待 DMA 请求信号无效；DMA 请求信号无效后，DMA 将应答信号也置为无效；然后等待下一次 DMA 请求。

（3）DMA 传输结构。

目前有两类主要的 DMA 传输结构：寄存器模式和描述符（Descriptor）模式。在寄存器模式中，DMA 控制器只是简单地利用寄存器中所存储的参数值；在描述符模式中，DMA 控制器在存储器中查找自己的配置参数。

① 基于寄存器的 DMA 传输。

在寄存器模式下，处理器通过直接对 DMA 控制寄存器编程来启动 DMA 传输，包含两种子模式：自动缓冲（Autobuffer）模式和停止模式，如图 5.17 所示。

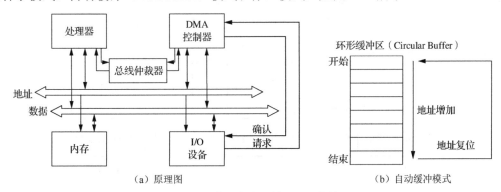

图 5.17　基于寄存器的 DMA 传输

在自动缓冲模式中，当一个数据块传输完毕时，DMA 控制寄存器就自动重新载入其最初的设定值，重新启动同一个 DMA 操作，开销为零。该模式特别适合对性能敏感、存在持续数据流的应用。

在停止模式中，DMA 传输结束后不会重新加载各寄存器，因此整个 DMA 传输只发生一次。停止模式适用于基于某种事件的一次性传输，如非定期地将数据块从一个位置转移到另一个位置，需要对事件进行同步（如一个任务必须在下一次传输前完成，以确保各事件发生的先后顺序）。此外，停止模式对缓冲器的初始化也非常有用。

② 基于描述符的 DMA 传输。

在描述符模式中，寄存器需要不断地从存储器的描述符中加载数据，描述符所包含的参数与编程写入 DMA 控制寄存器的所有参数通常相同。此外，多个描述符可以被连成一个链表，使得多个 DMA 操作序列串在一起，在当前的 DMA 操作序列完成后，自动设置并启动另一次 DMA 传输，这就要求允许 DMA 通道在一系列不连续的地址上进行数据传输，如图 5.18 所示。描述符方式为系统中 DMA 传输的管理提供了最大的灵活性。

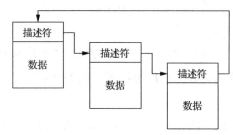

图 5.18　基于描述符的 DMA 传输

（4）DMA 传输方向。

DMA 传输方向分为 3 种：存储器与 I/O 接口之间、存储器与存储器之间、I/O 接口与 I/O 接口之间。其中，I/O 接口到存储器的 DMA 传输称为 DMA 写，存储器到 I/O 接口的 DMA 传输称为 DMA 读。图 5.19 所示为 DMA 传输方向。

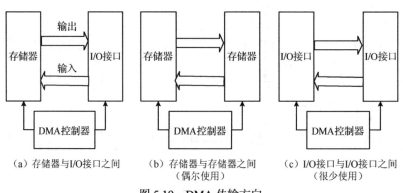

图 5.19　DMA 传输方向

① 存储器与 I/O 接口之间的 DMA 传输。

a. I/O 接口到存储器的 DMA 传输。

I/O 接口向 DMA 控制器送出 DMA 传输请求信号，并将数据输送到数据总线上；同时 DMA 控制器送出存储器地址及控制信号，将数据写入选中的存储器中，从而完成了 I/O 接口到存储器的 DMA 传输；然后由 DMA 控制器修改地址寄存器和字节计数器中的内容。

b. 存储器到 I/O 接口的 DMA 传输。

DMA 控制器送出存储器地址和控制信号后，将选中的存储单元的内容读到数据总线上；然后，DMA 控制器将数据写到指定的 I/O 接口中，由 DMA 控制器修改地址寄存器和字节计数器中的内容。

② 存储器与存储器之间的 DMA 传输。

DMA 通道的操作可以在没有外设请求的情况下进行。在此情况下，DMA 控制器用数据块方式传输数据。首先，送出存储器源端的地址和控制信号，将选中存储单元的数据暂存；接着，修改地址寄存器和字节计数器中的内容；然后，送出存储器目标端的地址和控制信号，将暂存的数据通过数据总线写入存储器的目标区域；最后，修改地址寄存器和字节计数器中的内容，当字节计数器的值减到零时可结束一次 DMA 传输。

利用 DMA 控制器进行存储器到存储器之间的 DMA 传输时，可采用单次传输或循环传输模式。

在单次传输模式中，当 DMA 传输结束时，触发 DMA 中断，在中断服务程序中首先无效 DMA 通道，然后修改该通道的传输数据量，最后重新使能 DMA 通道。

在循环传输模式中，当 DMA 传输结束时，硬件会自动对传输数据量寄存器进行重装，进行下一次的 DMA 传输。

③ I/O 接口与 I/O 接口之间的 DMA 传输。

处理器的数据流在内存、寄存器中传输，与 I/O 接口的 DMA 传输没有交叉点，所以处理器的运行速度不受影响。唯一有可能受影响的是 I/O 接口与存储器或者存储器与存储器之间的 DMA 传输。

利用双端口 RAM 可以很好地解决运行速度受影响的问题。若处理器恒定占有一组端口，而另一组端口留给 DMA 控制器，那么当 I/O 接口与存储器或者存储器与存储器之间进行 DMA 传输时，不会与处理器访问该双端口 RAM 冲突。但如果处理器和 DMA 访问相同的双端口 RAM 空间，该存储器势必会进行仲裁，从而可能会影响处理器的访问速度，不过发生的概率很小，其影响也不大。

（5）DMA 寻址模式。

最简单的存储器 DMA 传输需要告知 DMA 控制器源端地址、目标端地址和待传送数据量，外设 DMA 传输则需要规定数据的源端或者目标端，以及 DMA 传输方向。每次传输的数据大小可以是 8 位或 16 位等。这种简单的 DMA 传输代表了简单的 1 维（1D）统一 "跨度"传输，即 DMA 控制器连续跟踪不断增加的源端和目标端地址，例如 8 位传输产生 1B 地址增量，16 位传输产生 2B 地址增量，32 位传输产生 4B 地址增量，只需要改变每次传输的数据大小，就可以方便地增加 1 维 DMA 的灵活性。例如，采用非单一大小的传输方式时，传输数据块大小的倍数可用作地址增量，即若规定 32 位传输和采样跨度为 4，则每次传输结束后，地址增量为 16B（4 个 32 位）。

在视频等应用中，更多使用 2 维（2D）DMA 传输，它是 1 维 DMA 传输的一种直接扩展，可以简单地理解为一个嵌套的循环。

对外设 DMA 来说，存储器端的 DMA 传输可以是 1 维或 2 维的，而在外设端，DMA 传输始终是 1 维的，唯一的限制条件是在 DMA 源端和目标端传输的字节总数必须相同。例如，如果从 3 个 10B 的缓冲器向外设发送数据，外设必须被设定为传送 30B。

对于存储器 DMA 来说，可以建立 1 维-2 维 DMA 传输、1 维-1 维 DMA 传输、2 维-1 维 DMA 传输，以及 2 维-2 维 DMA 传输，唯一的限制条件是 DMA 传输模块的两端所传送的字节总数必须相等，如图 5.20 所示。

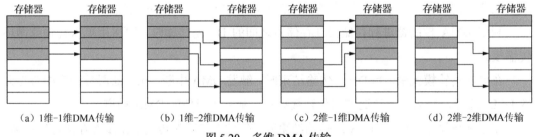

图 5.20 多维 DMA 传输

（6）DMA 传输方式。

DMA 传输方式可分为普通 DMA 传输和分散/收集 DMA 传输两种。

① 普通 DMA 传输。

普通 DMA 传输要求源物理地址和目标物理地址必须连续。在传输完一块物理地址上连续的数据后发起一次中断，然后由主设备进行下一块物理地址上连续的数据传输，此方式称为普通 DMA 传输或 Block DMA 传输。普通 DMA 传输可进一步分为单次传输方式、成组传输方式（数据块传输方式）和请求传输方式。

单次传输方式是指 DMA 控制器每次控制总线后只传输一次数据，该数据的大小取决于总线宽度，传输完后即释放总线使用权。如果还有数据需要传送，则继续申请。

成组传输方式是指 DMA 控制器每次控制总线后都连续传输一组数据，待所有数据全部传输完后再释放总线使用权。显然，成组传输方式的数据传输速率比单次传输方式高，但是，其间处理器无法进行任何需要使用总线的操作。

请求传输方式是指每传输完一个字节，DMA 控制器都要检测来自 I/O 接口的 DMA 请求信号是否有效。若有效，则继续进行 DMA 传输，否则就暂停传输，将总线使用权交还处理器，直至 DMA 请求信号再次变为有效，再从之前的暂停点继续传输。

② 分散/收集 DMA 传输。

在某些计算机体系中，连续的存储器地址在物理上不一定连续，所以 DMA 传输要分多次来完成。分散/收集 DMA 传输使用描述符控制数据传输，允许一次传输多个不连续物理地址上的块，完成传输后只发起一次中断。在开始 DMA 操作之前，软件应用程序必须设置一个描述符链表来描述物理上不连续的存储空间，然后将链表首地址告知 DMA 主设备；DMA 主设备在传输完一块物理上连续的数据后，不用发起中断，而是根据描述符链表来传输下一块物理上连续的数据，直到传输完毕后再发起一次中断。很显然，分散/收集 DMA 传输比普通 DMA 传输的效率高，大大减少了中断次数，提高了数据传输的效率。分散/收集 DMA 传输如图 5.21 所示。

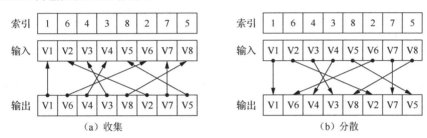

图 5.21　分散/收集 DMA 传输

（7）DMA 操作过程。

DMA 控制器用于对数据传输过程的控制和管理，主要包括 1 个控制/状态寄存器、1 个地址寄存器和 1 个字节计数器，在传输开始前先要进行初始化，一旦传输开始，整个过程便全部由硬件实现。

DMA 控制器的初始化主要包括配置控制/状态寄存器中的相应控制位，以指定数据的传输方向，即指定外设对存储器是进行读操作还是写操作，以及初始化对应的 DMA 通道，包括数据的源端地址、目的端地址、数据长度，打开该 DMA 通道开关。

以数据输入为例，DMA 操作的基本过程如图 5.22 所示。首先，外设发送选通脉冲，将输入数据送入缓冲寄存器，并使 DMA 请求触发器置 1；其次，DMA 请求触发器向控制/状态端口发送准备就绪信号，同时向 DMA 控制器发 DMA 请求信号；再次，DMA 控制器向处理器发出总线请求信号，处理器在完成现行机器周期即完成命令的一个基本操作后便响应 DMA 请求，发出总线允许信号，并由 DMA 控制器发出 DMA 响应信号，使 DMA 请求触发器复位，此时由 DMA 控制器接管系统总线；然后，DMA 控制器发出存储器地址，并在数据总线上给出数据，在读/写控制信号线上发出写命令；最后，数据被写入相应存储单元，每传输一个字节，DMA 控制器的地址寄存器加 1 得到下一个地址，字节计数器则减 1，继续传送下一个字节。如此循环，直到字节计数器的值为 0，数据传输完毕。

DMA 传输完成后，由 DMA 控制器撤销总线请求信号，从而结束 DMA 传输操作。由处理器撤销总线允许信号，恢复对总线的控制。

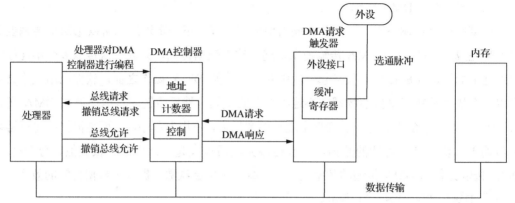

图 5.22　DMA 操作的基本过程（数据输入）

（8）多通道 DMA 控制器。

多通道 DMA 控制器设置多个通道，为多个外设提供 DMA 传输服务。每个通道都各有寄存器和 DMA 响应信号线。多通道 DMA 控制器根据优先级配置决定多个通道的 DMA 传输顺序。

5.2　I/O 通信

本节主要介绍 I/O 通信方式和 I/O 通信时序。

5.2.1　I/O 通信方式

I/O 通信方式可分为三类：并行/串行通信，同步/异步传输，单工（Simplex）方式、半双工（Half Duplex）方式、全双工（Full Duplex）方式。

（1）并行/串行通信。

① 并行通信。

数据以成组的方式，如以字或字节为单位，在多个并列信道上进行传输，如图 5.23 所示。并行通信的速度快，但所用信号线多、成本高，故不适用于远距离通信。

② 串行通信。

数据串排成一行依次在同一信道上传输，如图 5.24 所示。串行通信只用一根信号线（差分信号需要用两根信号线）来传输数据，故特别适合用于计算机与计算机、计算机与外设之间的远距离通信。

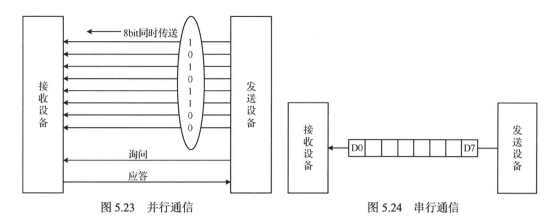

图 5.23　并行通信　　　　　　　图 5.24　串行通信

串行通信的性能参数可用比特率或波特率来表征。其中，比特率是指单位时间内传输的二进制码元的个数，单位是 b/s。由于 1 个二进制码元代表了 1 位的信息，因此比特率也称为传信率。波特率是指单位时间内传输的符号个数，单位是波特（Baud 或 Bd）。计算机普遍采用二进制，一个"符号"仅有高、低两种电平，分别代表逻辑值"1"和"0"，所以每个符号的信息量为 1 位，此时波特率等于比特率。但在其他一些应用场合，一个"符号"的信息含量可能超过 1 位，此时波特率小于比特率。

（2）同步/异步传输。

同步传输的内容绝大部分是有效数据，异步传输的内容中还包含帧的各种标识符，所以同步传输的效率更高；但是同步传输时双方的时钟允许误差较小，异步传输时双方的时钟允许误差较大。

① 同步传输。

许多字符组成一个信息组，然后一个接一个地传输。发送端在每组信息的开始要加上同步字符，如果没有信息要传输，则要加上空字符。接收端要求能识别同步字符，当检测到有一串字符与同步字符相匹配时，就认为开始了一个信息帧，并将此后的比特作为实际传输信息来处理。

外同步法是指由发送端发送专门的同步信息（常被称为导频），接收端将此导频提取出来作为同步信号的方法。由于导频本身并不包含所要传输的信息，对频率和功率有限制，所以要求导频尽可能小地影响信息传输且便于提取同步信息。外同步法主要应用于载波同步及位同步系统。

自同步法是指发送端不发送专门的同步信息，接收端设法从接收到的信号中提取同步信息的方法。自同步法的效率高，但接收端设备较为复杂。

收发双方采用同步串行接口传输信息时，发送端和接收端电路在同一个时钟下工作，所传输信息的字节与字节之间、位与位之间均与时钟有严格的时序关系，如图 5.25 所示。收发双方在时钟同步的基础上，通过位同步、帧同步等措施，保证可正确接收和识别所传输的数据。

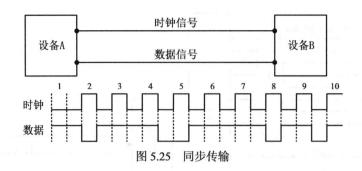

图 5.25　同步传输

很多同步传输协议首先发送 MSB（Most Significant Bit），如图 5.26 所示。

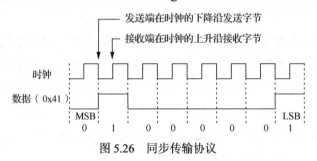

图 5.26　同步传输协议

② 异步传输。

收发双方采用异步串行接口传输数据时，只使用数据线，不需要时钟，因此收发双方的时钟相位互不相关，甚至允许频率存在误差。收发双方通过信号波形编码表示所传输数据单元的起止，每次异步传输都以一个起始位开头，通知接收端数据已经到达；在传输结束时，用一个停止位表示一次传输的终止，如图 5.27 所示。异步传输常用于低速设备，传输负载比同步传输大 25%。

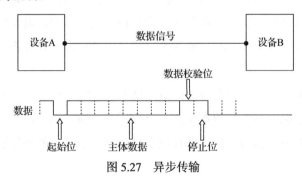

图 5.27　异步传输

很多异步传输协议首先发送 LSB（Least Significant Bit），如图 5.28 所示，传输的数据中包含了 7 个数据位（0x21）、1 个起始位和 1 个停止位。

（3）单工方式、半双工方式、全双工方式。

单工方式仅使用一根传输线，信息只能由一方传至另一方；在半双工方式下，同一根传输线既用于接收又用于发送，其转换由电子开关控制；在全双工方式下，数据的发送和接收分流，分别由两根不同的传输线实现，通信双方都能在同一时刻发送和接收，如图 5.29 所示。

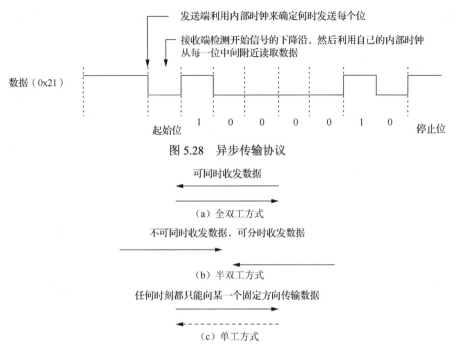

图 5.28 异步传输协议

图 5.29 单工方式、半双工方式、双工方式

5.2.2 I/O 通信时序

三种时序模型可用于芯片间通信，即系统同步（System Synchronous）的时序模型、源同步（Source Synchronous）的时序模型、自同步（Self Synchronous）的时序模型。

（1）系统同步的时序模型。

系统同步是最常用的同步方式，两颗芯片之间利用外部公共时钟进行数据发送和接收，如图 5.30 所示。

系统同步的时序模型如图 5.31 所示。

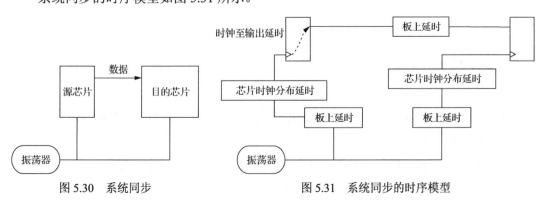

图 5.30 系统同步　　　　　　　图 5.31 系统同步的时序模型

（2）源同步的时序模型。

在源同步中，两颗芯片通信时，源芯片会生成一个伴随数据的时钟，目的芯片使用此时钟完成数据接收，如图 5.32 所示。由于数据和时钟一起发送，因此需要调整时钟的输出时间，数据线与时钟线的走线长度也必须匹配。

源同步的时序模型如图 5.33 所示。

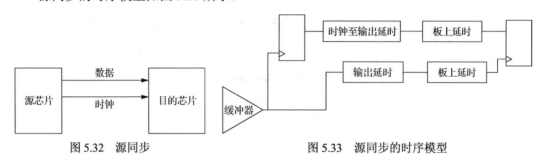

图 5.32　源同步　　　　　　　　图 5.33　源同步的时序模型

（3）自同步的时序模型。

在自同步中，两颗芯片通信时，源芯片将生成的包含数据和时钟的流发送至目的芯片，如图 5.34 所示。自同步的时序模型主要包含三部分：并/串转换、串/并转换和时钟数据恢复，很多高速串行接口使用自同步方式进行数据传输。

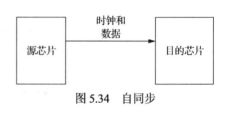

图 5.34　自同步

自同步的时序模型如图 5.35 所示。

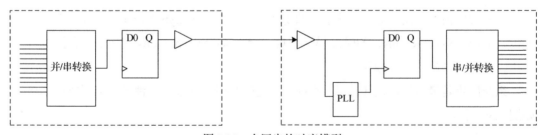

图 5.35　自同步的时序模型

5.3　芯片接口

芯片接口主要可以分为 GPIO 接口、协议类接口、连接性接口、存储接口。

（1）GPIO 接口。

双向 GPIO 引脚可以通过编程配置寄存器和数据寄存器来设定其工作方式。其中，引脚电平由数据寄存器决定，当数据寄存器的相应位为 0 时，连接的引脚为低电平；当数据寄存器的相应位为 1 时，连接的引脚为高电平。至于引脚是输入还是输出，则通过配置寄存器加以设置。

GPIO 输入引脚有两种不同的连接方式：带上拉电阻的连接、带下拉电阻的连接，如图 5.36 所示。所谓上拉，是指某引脚通过一个电阻接到电源（Vcc）上；所谓下拉，是指某引脚通过一个电阻接到地（GND）上。通过上拉电阻或下拉电阻可以实现引脚的初始化，但是引脚悬空是不被允许的。

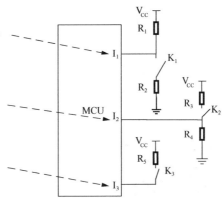

图 5.36　GPIO 输入引脚的连接方式

GPIO 输出引脚可以配置成推挽式或开放式。此外，大部分的 GPIO 引脚可配置为数字复用模式或模拟复用模式。

大多数数字电路输出低电平时的功耗远远大于输出高电平时的功耗，设计时应该控制低电平的输出时间，闲置时使其处于高电平。多余的输入引脚应根据功能连接至高电平或低电平，而非悬空。带有片选信号的器件，其片选引脚应合理置位，以避免器件长期被接通。

用户可以通过 GPIO 接口与外设进行数据交互（如 UART 等）、硬件控制（如 LED、蜂鸣器等）和状态读取（如中断信号等）等。

（2）协议类接口。

协议类接口包括串行接口、并行接口，以及音频与视频接口。

I^2C、SPI 和 UART 是常见的串行接口，在 5.4 节中将专门对它们进行介绍。

IEEE 1284 是常见的并行接口，可以实现高速双向通信，主要应用于打印机和绘图仪，其他设备很少应用。

音频与视频接口将在 5.5 节中专门对其进行介绍。

（3）连接性接口。

连接性接口包括 USB 接口、PCI 接口、网络接口等。

① USB 接口。

USB 接口可用于连接多种外设，已成为计算机与智能设备的必配接口。USB 接口有 4

根线：2根双绞信号线和2根电源线，如图5.37所示。

② PCI接口。

PCI接口是个人计算机中使用广泛的接口，适用于网卡、声卡等，如图5.38所示。PCI接口分为32位和64位两种，早期的PCI接口工作在32位/33.33MHz/5V下，最高数据传输速率为133MB/s。现在的32位PCI接口一般用于个人计算机，64位PCI接口则应用于服务器。

图5.37　USB接口

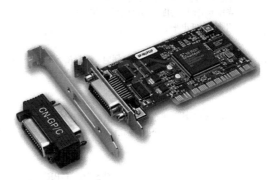

图5.38　PCI接口

③ 网络接口。

网络接口的相关内容详见5.6节。

（4）存储接口。

存储接口主要包含内存接口、闪存接口和MMC接口。

① 内存接口。

内存控制器管理内存接口，当接收到处理器发送来的地址后，先进行地址解析，生成片内地址和片选信号，并分别通过地址线和片选信号线传输给存储芯片，然后通过数据总线读/写相应的数据位。

SRAM具有较高的数据传输速率，常用作缓存。通常SRAM有4种引脚：CE（片选引脚，低电平有效）、R/W（读/写控制引脚）、ADDRESS（地址线）和DATA（双向数据线）。

DRAM必须有规律地进行刷新，从而将数据保存在存储器中。DRAM的引脚包括CE（片选引脚，低电平有效）、R/W（读写控制引脚）、RAS（行地址选通引脚，通常接地址的高位部分）、CAS（列地址选通引脚，通常接地址的低位部分）、ADDRESS（地址线）和DATA（双向数据线）。

SDRAM是指同步动态随机存取存储器。同步是指内存工作需要同步时钟，内部的命令发送和数据传输都以其为基准；动态则是指需要不断地刷新存储阵列来保证数据不丢失。SDRAM仅在时钟的上升沿进行数据传输，一个时钟周期内仅传输一次数据。

DDR SDRAM 表示双倍数据速率同步动态随机存取存储器。DDR SDRAM 在一个时钟周期内传输两次数据，能够在时钟的上升沿和下降沿各传输一次数据，例如在 133MHz 的主频下，DDR SDRAM 的内存带宽可以达到 133MHz×64b/8×2=2.1GB/s。

② 闪存接口。

闪存是一种非易失性存储器，根据结构不同，可以将其分为 NOR 闪存和 NAND 闪存两种。应用程序可以直接在 NOR 闪存上运行，不需要将代码读入系统 RAM。由于传输效率很高，所以 1～8MB 的小容量 NOR 闪存具有很高的成本效益，但是很慢的写入和擦除速度大大影响了其性能。NAND 闪存能够提供高存储密度，其写入和擦除速度也很快，常用作存储介质。

③ MMC 接口。

MMC 由 SanDisk 公司和 Siemens 公司于 1997 年推出，应用于各类便携设备，其升级版有 RS-MMC（Reduced Size MMC）、MMC Micro 卡（三星标准）等。

SD 卡由日本东芝、松下公司和美国 SanDisk 公司于 1999 年推出，具有高容量、高数据传输速率及可写保护功能。SD 卡由 MMC 发展而来，其大小与 MMC 差不多，SD 卡与 MMC 卡保持着向上兼容。

UFS 协议的目标是取代 eMMC 协议。两者最大的不同之处在于 UFS 协议将并行信号改成了串行信号，从而提高数据传输速率，同时将半双工方式改成了全双工方式，如图 5.39 所示。

图 5.39 UFS 协议

5.4 串行接口

由于串行接口占用的引脚较少，所以其广泛应用于芯片与外设的连接，最常用的串行接口为 I²C 接口、SPI 和 UART 接口。其中，I²C 接口适合复杂、多样化、需要通信设备灵活扩展的场景；SPI 能够支持更高的时钟频率，适合有一个主设备和少量从设备的系统；UART 接口适合单点与单点的连接。

5.4.1 I²C 接口

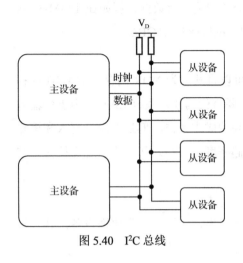

图 5.40 I²C 总线

I²C 总线是一种具有时钟的同步串行总线,用于 IC 之间的通信。其只使用时钟(SCL)和数据(SDA)两根信号线,通过合适阻值的上拉电阻连接到正电源上,如图 5.40 所示。所有挂在 I²C 总线上的设备都是平等的,任何一个带有 I²C 接口的设备都可以作为主设备或从设备,通过 I²C 总线进行通信。I²C 总线最常用的架构是一个主设备向多个从设备发送命令或由多个从设备采集数据传送至主设备。

(1) I²C 总线的操作模式。

I²C 总线有 4 种操作模式:主发送、主接收、从发送、从接收。在传输数据过程中使用 3 种信号:开始信号、结束信号和应答信号。其协议如图 5.41 所示。

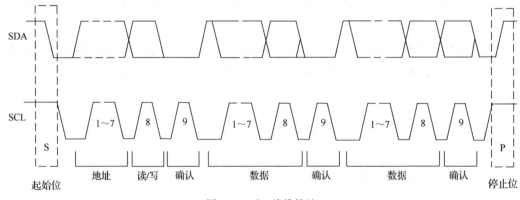

图 5.41 I²C 总线协议

主设备发送一个起始位启动传输后,会立即送出一个从地址,通知将与其进行数据通信的从设备。1B 的地址包括 7 位地址信息和 1 位指示位,若该指示位为高电平,则表明主设备从从设备读取数据,否则表明要将数据写入从设备。

下一个字节是第一个数据字节,来自主设备或从设备,具体取决于指示位的状态。SDA 线上传输的每个字节长度都是 8 位,每次传输字节的数量没有限制。

数据字节之后是 ACK 或 NACK,如果是读数据传输,则由主设备生成发出;如果是写数据传输,则由从设备生成发出。ACK 和 NACK 可能意味着不同含义,具体取决于通信设备的固件及底层的硬件设计。例如,主设备可以使用 NACK 来表示"这是最后一个数据字节",从设备可以使用 ACK 来确认数据是否已成功接收。

当主设备作为数据接收方时,如果无法再接收更多数据,可以将 SCL 置为低电平来中断传输,以迫使数据发送方等待,直到 SCL 被重新拉高。

主设备发送停止位（SCL 为高电平时，SDA 出现下降沿）以终止传输。

（2）I²C 接口的特点。

I²C 接口的特点是引脚数量少，可以支持多个主设备和从设备，引入了 ACK/NACK 以提高应对错误的能力；但是在一定程度上增加了固件和底层硬件的复杂度，增加了协议负荷，降低了数据传输速率，需要上拉电阻，从而限制了时钟速度，增加了功耗。

5.4.2 SPI

SPI 是一种用于短距离通信的同步串行接口规范，广泛应用于各种 MCU 中，与传感器、A/D 转换器、D/A 转换器、存储器、SD 卡和 LCD 等进行数据连接。

（1）SPI 总线。

SPI 总线使用 4 根主要信号线实现数据在主设备和从设备之间的全双工同步通信，如图 5.42 所示。

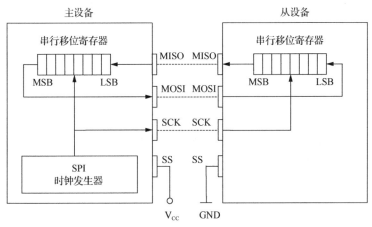

图 5.42 SPI 总线

各信号线的作用如下。

SCK：主设备输出串行时钟，每个时钟周期将会移出一个新的数据位。

MOSI：主设备输出数据到从设备。

MISO：从设备输出数据到主设备。

SS：从设备选择，低电平有效，用于主设备控制从设备。当该信号线有效时，表示主设备正在向相应的从设备发送数据或从相应的从设备请求数据。

主设备和从设备都包含一个串行移位寄存器，主设备通过向其串行移位寄存器写入一个字节来发起一次数据传输。串行移位寄存器通过 MOSI 信号线将字节传输给从设备，从设备也将自己串行移位寄存器中的内容通过 MISO 信号线返回给主设备，这样，两个串移位寄存器中的内容就被交换了。

从设备的写操作和读操作同步完成。第一帧为命令/数据帧，对于写操作，主设备需要发送写命令、写地址和写数据；对于读操作，主设备需要发送读命令、读地址，但发送的数据毫无意义。第二帧为返回帧，读操作返回读数据，写操作返回的数据将被忽略。

由于 SPI 未标准化，不同厂商的器件对 SPI 的定义不同，有的首先传输最高有效位（MSB），有的则首先传输最低有效位（LSB）。

（2）数据传输模式。

SPI 只有工作和空闲两个状态，每次数据传输从拉低从设备选择线开始。数据传输模式受时钟极性（CPOL）和时钟相位（CPHA）控制。其中，时钟极性控制着时钟的初始逻辑状态，即空闲时，SCK 为 0 表示低电平，SCK 为 1 表示高电平；时钟相位控制着数据转换与时钟转换之间的关系，即在 SCK 的第几个边沿采样数据，0 表示第 1 个边沿，1 表示第 2 个边沿。4 种不同的数据传输模式如图 5.43 所示。

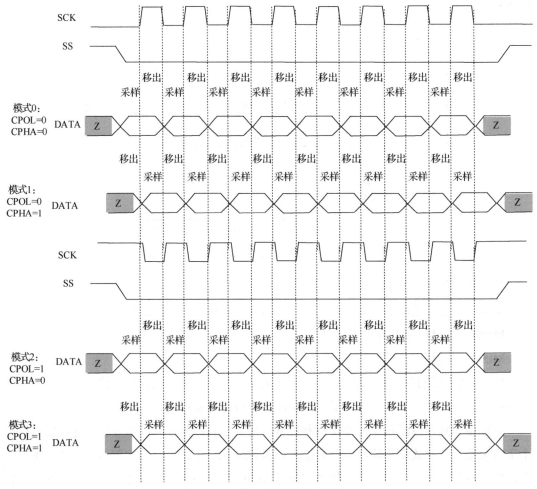

图 5.43　4 种不同的数据传输模式

模式 0（CPOL=0，CPHA=0）：空闲时，时钟为低电平，数据在时钟的上升沿被采样，并在时钟的下降沿被移出。

模式 1（CPOL=0，CPHA=1）：空闲时，时钟为低电平，数据在时钟的下降沿被采样，并在时钟的上升沿被移出。

模式 2（CPOL=1，CPHA=0）：空闲时，时钟为高电平，数据在时钟的下降沿被采样，并在时钟的上升沿被移出。

模式 3（CPOL=1，CPHA=1）：空闲时，时钟为高电平，数据在时钟的上升沿被采样，并在时钟的下降沿被移出。

（3）SPI 配置。

① SPI 标准配置。

在 SPI 标准配置中，每个从设备都需要来自主设备的独立从设备选择线。如果主设备没有足够的 I/O 引脚用于连接所需数量的从设备，则使用片选信号线来实现 I/O 扩展，如图 5.44 所示。

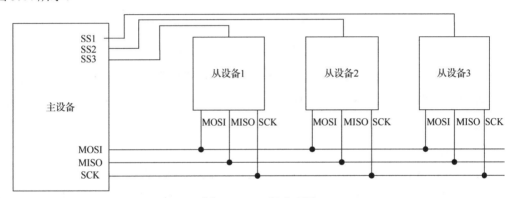

图 5.44　SPI 标准配置

通过拉低从设备选择线的电平，主设备可以使能相应的从设备，通过共享的数据线将数据写入各从设备或从各从设备读取数据。如果主设备要将相同的数据发送给多个从设备，则可以同时寻址多个从设备，但不能同时从多个从设备读取数据。

② 菊花链配置。

在菊花链配置中，所有从设备共享一条从设备选择线。写操作时，数据从主设备传输到第一个从设备，然后从第一个从设备传输到第二个从设备，依次传输下去，数据沿着线路级联，直到线路中的最后一个从设备；读操作时，则由最后的一个从设备将数据逐级传输回主设备，如图 5.45 所示。此配置非常适合用于主设备引脚较少的场景。

（4）SPI 总线的特点。

SPI 总线的硬件接口非常简单，从设备采用来自主设备的时钟，不需要单独地址，不需要收发器，信号单向传输，推挽驱动提供了较好的信号完整性和较高的速度。SPI 协议非常灵活，支持全双工通信和位传输，可任意选择信息大小、内容及用途，没有仲裁机制或相关的失效模式。SPI 总线的吞吐率比 I²C 总线更高，需要的功耗更低，因为其需要的电路（包括上拉电阻）更简单。

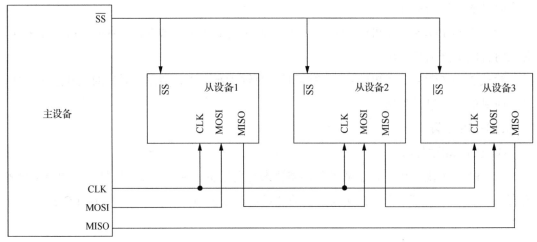

图 5.45　菊花链配置

但是，SPI 并没有一个正式的标准规范，没有寻址机制，需要通过片选信号来实现对多个从设备的访问；没有查错机制；存在很多的变种，很难找到支持所有开发工具的变种。SPI 总线相比于 I²C 总线需要更多的引脚，如果想使用中断，只能通过 SPI 信号线以外的其他信号线或者采用周期性查询方式实现；只适用于近距离传输。

（5）四线 SPI。

通常 SPI 是指 Standard SPI，有 4 根信号线，分别为 CSK、SS、MOSI 和 MISO，数据线工作在全双工方式下。双线 SPI（Dual SPI）中扩展了 MOSI 和 MISO 的用法，可以工作在半双工方式下以加倍数据传输，在保持同步时钟频率不变的情况下，其数据传输速率是 SPI 的 2 倍。四线 SPI（Quad SPI）与双线 SPI 类似，但数据线又增加了 2 根，其使用 4 位宽度的双向数据线，在保持同步时钟频率不变的情况下，数据传输速率是 SPI 的 4 倍，如图 5.46 所示。四线 SPI 常用于系统内扩展大容量闪存。

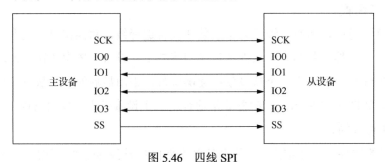

图 5.46　四线 SPI

5.4.3 UART 接口

SPI 和 I²C 接口都是同步传输，利用时钟边沿来采样数据，但长距离传输时时钟与数据容易失去同步，而且时钟带宽至少应为数据带宽的 2 倍，从而限制了系统的数据传输速率。更高速的传输最好采用异步方式，信号线中只有传输的数据信号。

（1）UART 的工作原理。

两个 UART 之间通过两根线直接传输数据，数据流从发送 UART 的 TX 引脚流向接收 UART 的 RX 引脚，如图 5.47 所示。发送 UART 将来自发送设备的并行数据转换为串行格式，并将其串行发送到接收 UART；接收 UART 将串行数据转换回并行数据发送给接收设备。

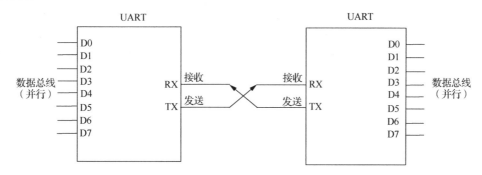

图 5.47　UART 工作原理

两个 UART 采用全双工方式。发送 UART 将起始位和停止位添加到正在传输的数据包中以定义开始和结束，当接收 UART 检测到起始位时，以特定频率（波特率）读取输入的串行数据。两个 UART 还必须配置为发送和接收相同的数据包结构。

异步通信以一个字符为传输单位，两个字符的时间间隔不固定，但同一个字符中两个相邻位的时间间隔是固定的，与波特率有关。波特率用来表征通信中的数据传输速率，即每秒传输的二进制位数。例如，数据传输速率为 120 字符/秒，每一个字符为 10 位（1 个起始位、7 个数据位、1 个校验位、1 个停止位），则其波特率为 10×120=1200b/s。比较常见的 UART 波特率是 9600b/s，即每秒发送 9600 位或每秒发送 960（9600/10）个字符，每位的保持时间为 1/9600 ≈ 104μs。

（2）数据帧的构成。

每个数据块（通常是一个字节）以比特或比特帧的形式发送，数据帧由起始位、数据位、奇偶校验位和停止位构成，如图 5.48 所示。

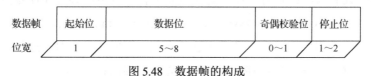

图 5.48　数据帧的构成

起始位：先发出一个逻辑"0"信号，表示传输字符的开始。

数据位：可以是5~8位的逻辑"0"或"1"；ASCII码是7位，扩展BCD码是8位；采用小端传输。

奇偶校验位：数据位加上这一位后，使得"1"的位数应为偶数（偶校验）或奇数（奇校验）。

停止位：一个字符的结束标志，可以是1位、1.5位、2位的逻辑"1"。

空闲位：处于逻辑"1"状态，表示当前线路上没有数据需要传输。

（3）UART的流控机制。

数据在两个UART之间进行通信时，常常会出现丢失数据现象。当接收端的数据缓冲区已满时，如果还有数据发送过来，因为接收端没有空间进行存储，那数据就有可能丢失，其本质原因是处理能力不匹配。硬件流控用来解决速度匹配问题，其基本思想是当接收端来不及对接收到的数据进行处理时，就向发送端发送不再接收的信号，发送端接收到此信号后就会停止发送，直到收到可以继续发送的信号后再发送。因此硬件流控可以控制数据传输的进度，进而防止数据丢失。在UART三线串行接口通信的基础上，增加两根控制线CTS（Clear To Send）和RTS（Require To Send）就实现了硬件流控，如图5.49所示。

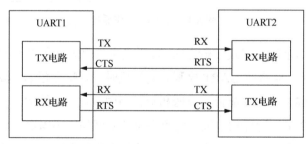

图5.49　UART流控机制

从图5.49中可以发现，数据线方向与流控线方向正好相反，发送端发出数据（TX）到接收端，并接收来自接收端的对应流控信号（CTS）；发送端从接收端接收数据（RX），并将对应流控信号（RTS）发送到接收端。

（4）UART的特点。

异步传输能够节省连线，只需要使用两根信号线就可以实现全双工的数据传输，不需要时钟，拥有一个奇偶校验位提供硬件级别的错误检查；数据包的结构可以通过两端之间的协调来改变，比较灵活；相对比较容易配置和运行。但是，其与并行通信及通用同步异步收发器（Universal Synchronous Asynchronous Receiver Transmitter，USART）相比，数据传输的速度较慢，数据位的大小被限定为最多9位；通常用于点对点通信，不支持多从设备或多主设备配置；收发两个UART的波特率差别不能超过10%。

5.5 音频与视频接口

（1）音频接口。

根据传输信号的类型不同，音频接口可分为模拟音频接口与数字音频接口。模拟音频接口有 RCA 接口、TRS 接口和 XLR 卡侬头。数字音频接口有 I2S（Inter-IC Sound）接口、PCM（Pulse Code Modulation，脉冲编码调制）接口、PDM（Pulse Density Modulation，脉冲密度调制）接口、AES/EBU（Audio Engineering Society/European Broadcast Union）接口和 S/PDIF（Sony/Philips Digital Interconnect Format）接口等。其中，I2S 接口、PCM 接口和 PDM 接口主要用于同一块 PCB 上芯片之间音频信号的传输，S/PDIF 接口主要应用于 PCB 间距离远及需要电缆连接的场合。

① RCA 接口。

利用 RCA 线缆传输模拟信号是目前最普遍的音频连接方式，RCA 接口常见于音箱、电视、功放等设备上，得名于美国无线电公司（Radio Corporation of America），常被称为"莲花头"，如图 5.50 所示。

RCA 接口采用同轴传输，中轴用来传输信号，外围的接触层用于接地。每一根 RCA 线缆都负责传输一个声道的音频信号，因此可以根据对声道的实际需要，使用数量相匹配的 RCA 线缆，如使用两根 RCA 线缆以传输双声道立体声。

图 5.50　RCA 接口

② I2S 接口。

I2S 接口是飞利浦公司在 1986 年定义（1996 年修订）的数字音频传输标准，用于系统内部器件之间的数字音频数据传输。

I2S 协议比较简单，没有地址或设备选择机制，使用了 3 根串行总线：数据线 SD、字段选择线 WS（或称左、右声道切换时钟 LRCK/LRCLK）、时钟信号线 SCK。其中，字段选择线用来选择声道，WS=0 表示选择左声道，WS=1 表示选择右声道。在 I2S 总线上，只能同时存在一个主设备和发送设备，主设备可以是发送设备、接收设备或者协调发送设备和接收设备的控制设备。在 I2S 系统中，提供 SCK 和 WS 的设备为主设备，如图 5.51 所示。

③ PCM 接口。

PCM 接口使用等间隔采样方式将模拟信号数字化，每次采样的结果都是长度为 N 位的数据，N 为采样深度，图 5.52 所示为采样深度为 4 的 PCM 数据量化示意图。

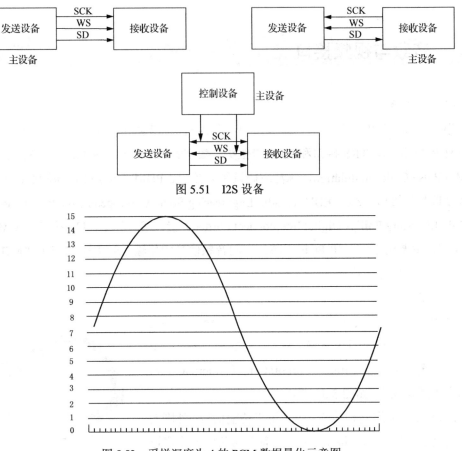

图 5.51　I2S 设备

图 5.52　采样深度为 4 的 PCM 数据量化示意图

PCM 接口常用于音频数字信号的传输。相比于 I2S 接口，PCM 接口的应用更加灵活。通过时分复用方式，PCM 接口可支持同时传输多达 N 个（N>8）声道的数据，从而减少了引脚数量。

PCM 接口的逻辑简单，但需要数据时钟、采样时钟和数据信号三根信号线。PCM 接口的硬件拓扑结构与 I2S 接口相近，图 5.53 所示为 PCM 接口示例（DSP 作为主设备，控制 A/D 转换器和 D/A 转换器间的数字音频流）。

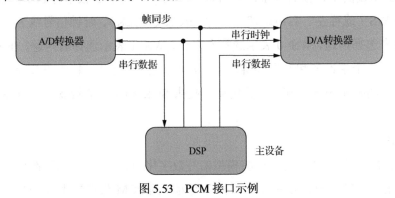

图 5.53　PCM 接口示例

④ PDM 接口。

PDM 是一种用数字信号表示模拟信号的调制方法,其输出只有 0 和 1,使用 PDM 方法将模拟正弦波数字化,如图 5.54 所示。通过 PDM 方法表示的数字音频被称为 Oversampled 1-bit Audio。在接收端,需要使用抽取滤波器(Decimation Filter)将连串的 0 和 1 所代表的密度分量转换为幅值分量。

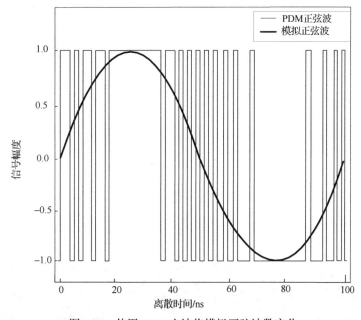

图 5.54 使用 PDM 方法将模拟正弦波数字化

PDM 接口需要时钟和数据。在图 5.55 中,两个具有 PDM 接口的 PDM 发送设备与同一个 PDM 接收设备相连接,若将 PDM 发送设备 1、PDM 发送设备 2 分别作为左、右声道的麦克风,将采集到的双声道数据传送到 PDM 接收设备,则 PDM 接收设备为 PDM 发送设备 1、PDM 发送设备 2 提供时钟,分别在时钟的上升沿和下降沿采样来自 PDM 发送设备 1、PDM 发送设备 2 的数据输入。PDM 接口在手机和平板计算机等对空间限制严格的场合有着广阔的应用前景,比如在数字麦克风领域,应用最广的就是 PDM 接口,其次为 I2S 接口。

⑤ AES/EBU 接口。

作为较为流行的专业数字音频标准,AES/EBU 是基于单根绞合线传输数字音频数据的串行位传输协议,无须均衡即可在长达 100m 的距离内传输数据,如果均衡,可以传输更远距离。

AES/EBU 接口可传输两个信道的音频数据(最高 24 位量化),提供传输控制的方法、状态信息表示,具有对一些误码的检测能力。其时钟信息由传输端控制,来自 AES/EBU 的位流。三个标准采样率是 32kHz、44.1kHz 和 48kHz,当然许多 AES/EBU 接口能够工作在其他不同的采样率上。

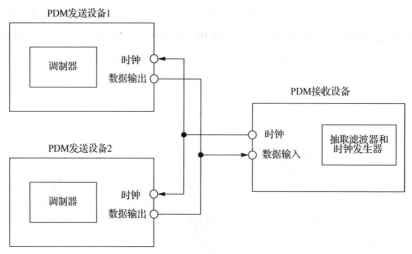

图 5.55　PDM 连接示意图

AES/EBU 接口有很多种,最常见的是三芯 XLR 接口(用于进行平衡或差分连接),如图 5.56 所示。除此之外,还有使用 RCA 插头的音频同轴接口(用于单端非平衡连接)、光纤连接器(进行光学连接)。

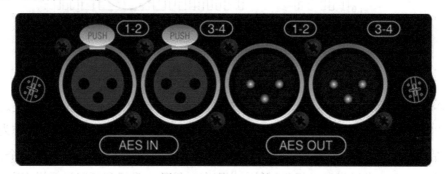

图 5.56　三芯 XLR 接口

⑥ S/PDIF 接口。

S/PDIF 是索尼公司和飞利浦公司合作开发的一种民用数字音频接口协议,已被广泛采用,成为事实上的民用数字音频格式标准。

S/PDIF 接口一般有三种:RCA 同轴接口、BNC 同轴接口和 Toslink 光纤接口,如图 5.57 所示。其中,利用 RCA 线缆传输模拟信号最为普遍。每一根 RCA 线缆负责传输一个声道的音频信号,所以立体声信号需要使用一对 RCA 线缆。

(2)视频接口。

目前,常见的模拟视频接口有复合视频(Composite Video)接口、S-VIDEO(Separate Video)接口、色差分量(Component Video)接口和 VGA(Video Graphics Array)接口,常见的数字视频接口有 DVI(Digital Visual Interface)、HDMI、DP(DisplayPort)接口等。

第 5 章 外设及接口子系统

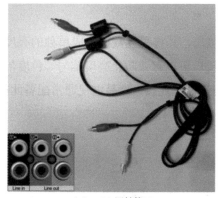
（a）RCA 同轴接口

（b）BNC 同轴接口和 Toslink 光纤接口

图 5.57　S/PDIF 接口

① 复合视频接口。

复合视频接口曾经是使用最普遍的一种视频接口，分离传输模拟音频、视频信号，几乎所有电视机都有这个接口，也称为 AV（Audio Video）接口。复合视频接口有 RCA 端子和 BNC 端子两种，其中 RCA 端子通常包括一对音频接口和单独的视频接口。

在图 5.58 中，复合视频接口由三个独立的 RCA 接口组成。其中，VIDEO 接口用于连接混合视频信号，L 接口用于连接左声道声音信号，R 接口用于连接右声道声音信号。

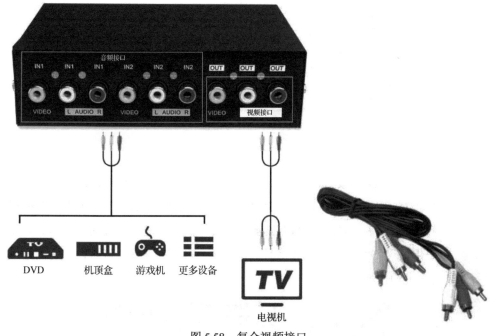

图 5.58　复合视频接口

复合视频接口的视频利用 CVBS 标准，是美国国家电视系统委员会（NTSC）制定的电视信号的传统图像数据传输方法，以模拟波形来传输数据。

② S-VIDEO 接口。

S-VIDEO 接口（又称 S 端子）也是模拟视频接口，其将视频数据分成单独的亮度信号和色度信号分离输出，如图 5.59 所示。S-VIDEO 接口可以有效防止亮度信号、色度信号复合输出的相互串扰，提高图像的清晰度，多用于与摄像机连接，液晶电视通常配备此接口。

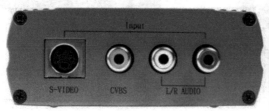

图 5.59　S-VIDEO 接口

③ 色差分量接口。

色差分量接口在 S-VIDEO 接口的基础上，将色度信号中的蓝色差（B）、红色差（R）分开发送，其分辨率可达到 600 线以上，通常采用 YP_BP_R 和 YC_BC_R 两种标识，如图 5.60 所示。前者表示逐行扫描色差输出，后者表示隔行扫描色差输出。很多电视类产品都是靠色差输入来提高输入信号品质的，而且利用色差分量接口可以输入多种等级信号，从最基本的 480i 到倍频扫描的 480P、720P 和 1080i 等。

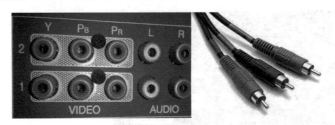

图 5.60　色差分量接口

④ VGA 接口。

VGA 接口是一种 D 型接口，上面共有 15 针，分成三排，每排有五针，如图 5.61 所示。VGA 接口也有扁平形式的，前 8 后 7 或前 7 后 8 排列。VGA 接口用于传输模拟视频信号，对于模拟显示设备，如模拟 CRT 显示器，信号被直接送至相应的处理电路，驱动控制显像管生成图像。VGA 接口将视频信号分解为 R、G、B 三原色和 HV 型场信号进行传输，所以在传输中的损耗非常小。

图 5.61　VGA 接口

⑤ DVI。

DVI 是数字视频接口，通过数字信号传输图像，比 VGA 接口的性能更为优异。按照针数不同，DVI 派生出 DVI-A、DVI-D 和 DVI-I 三种不同类型。其中，DVI-A 为模拟接口（实际上就是 VGA 接口）；DVI-D 为数字接口，只能传输数字信号；DVI-I 为数字和模拟接口，可同时兼容模拟信号和数字信号。图 5.62 所示为不同的 DVI。

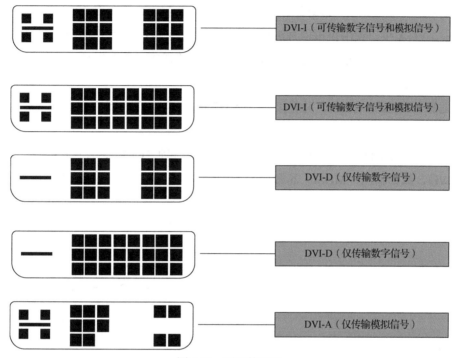

图 5.62　不同的 DVI

⑥ HDMI。

HDMI 是目前最流行的高清视频接口，采用数字信号传输，音频和视频信号采用同一条线材，大大降低了系统线路的安装难度。常用的 HDMI 1.4 可支持 1080P 高清视频，最新的 HDMI 2.1 带宽提升至 48Gb/s，可支持超高清 4K 120Hz 及 8K 60Hz。

根据接口形状不同，HDMI 分为三种：标准 HDMI（HDMI A TYPE），常用于计算机、电视机机顶盒；迷你 HDMI（HDMI C TYPE），常用于平板计算机、相机；微型 HDMI（HDMI D TYPE），常用手机等微型设备，如图 5.63 所示。

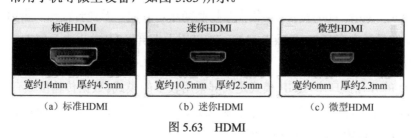

图 5.63　HDMI

⑦ DP 接口。

DP 是一个视频电子标准协会（VESA）发布的标准化的数字式视频接口标准，主要用于视频源与显示器等设备的连接。DP 接口在传输视频信号的同时，支持对高清音频信号的传输，同时支持更高的分频率和刷新率。根据形状，DP 接口可分为两种：标准型接口和迷你型接口，如图 5.64 所示。

对于显示器接口来说，最好的选择是 DP 接口，最糟糕的选择是 VGA 接口，HDMI 和 DVI 居中。VGA 接口使用模拟信号进行传输，其余三个接口都使用数字信号。VGA 接口、DVI 仅支持视频信号传输，DP 接口、HDMI 同时支持视频信号和音频信号传输。

（3）LCD 接口。

常见的 LCD 接口有 SPI、并行接口、LVDS 接口、eDP 接口和 MIPI。

① SPI。

SPI 是简单的串行外设接口，接口连线主要分为时钟（CLK）、片选（CS）、数据/指令选择（D/I）、数据输出（MOSI）和数据输入（MISO），一般用于小尺寸的 SPI OLED，如图 5.65 所示。

图 5.64 DP 接口

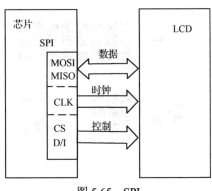

图 5.65 SPI

② 并行接口。

a．MCU 模式。

在 LCD 的并行接口中，MCU 模式是常见模式，又可细分为 8080 模式和 6800 模式，两者的主要区别是时序不同。数据传输位数有 8 位、9 位、16 位、18 位、24 位等，主要接口连线分为片选（CS）、数据/指令选择（D/I）、读使能（RD）、写使能（WR）、复位（RST）和数据（Data），如图 5.66 所示。其优点是控制简单、方便，无须时钟和同步信号；缺点是需要耗费图像显示内存（Graphics RAM），难以用于大屏（3.8 寸以上）LCD。

b．RGB 模式。

在 LCD 的并行接口中，RGB 模式是大屏采用较多的模式。数据传输位数有 8 位、16 位、18 位、24 位、32 位等。接口连线分为时钟（CLK）、场同步（VSYNC）、行同步（HSYNC）、数据使能（DE）和数据，如图 5.67 所示。

第 5 章 外设及接口子系统

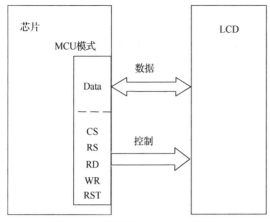

图 5.66 并行接口（MCU 模式）

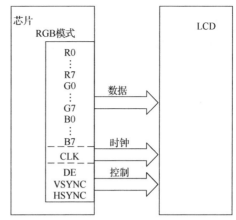

图 5.67 并行接口（RGB 模式）

③ LVDS 接口。

LVDS 接口是一种低压差分信号技术接口，由于其采用低压和低电流驱动方式，因此实现了低噪声和低功耗。LVDS 接口的连线分为一组时钟线和若干组信号线，其中 6 位模式下使用 3 组信号线，8 位模式下使用 4 组信号线，如图 5.68 所示。其优点是接口简单、数据传输速度快、抗干扰能力强。

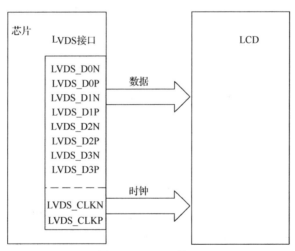

图 5.68 LVDS 接口

④ eDP 接口。

eDP 接口是一种基于 DP 架构和协议的全数字化接口，可以利用较简单的连接器及较少的引脚传递高分辨率信号，并且能够实现多数据同时传输，如图 5.69 所示。使用 eDP 接口的计算机显示屏具有比使用 LVDS 接口的计算机显示屏更高的显示分辨率，一般高清屏都采用这种接口。eDP 接口的连线分为主通道信号线（由 1～4 对差分线组成）、辅助通道信号线（AUX_CH）和热插拔检测信号线（HPD）。eDP 接口的优点是分辨率高、数据传输速度很快。

⑤ MIPI。

MIPI 是 MIPI 联盟发起的为移动应用处理器制定的开放标准。MIPI 的连线分为一组时钟线和若干组数据线，如图 5.70 所示。其优点是接口简单、数据传输速度快、功耗低。

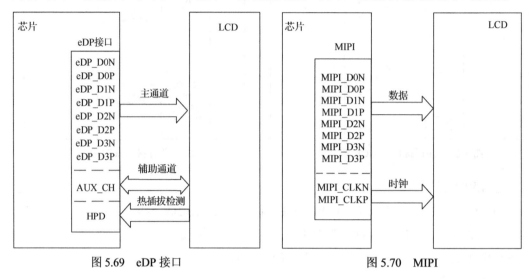

图 5.69　eDP 接口　　　　　　　　　图 5.70　MIPI

常见的 MIPI 有显示接口 DSI（用于显示屏模组）和摄像头接口 CSI（用于摄像头模组），如图 5.71 所示。

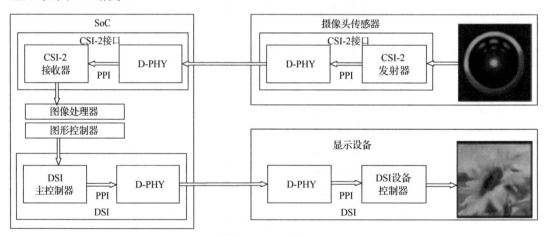

图 5.71　CSI 和 DSI

5.6　网络接口

1. 以太网接口

局域网（Local Area Network，LAN）是指在某一区域内由多台计算机互联组成的计算机组，覆盖范围通常是方圆几千米。其拓扑结构存在多种实现方式，包括星型、树型、环型、总线型等。

局域网可以实现文件管理、应用软件共享、打印机共享、工作组内的日程安排、电子邮件和传真通信服务等功能。局域网是封闭型的，可以由办公室内的两台计算机组成，也可以由一个公司内的上千台计算机组成。

以太网是一种局域网，由于现在大部分的局域网均为以太网，因此提及局域网时都会默认为是以太网。以太网是一种总线型局域网，对应于开放系统互连模型（Open System Interconnection，OSI）模型，以太网定义的是物理层和数据链路层的标准。

以太网接口由 MAC（Media Access Control）控制器和物理层接口收发器（通常称为 PHY）两大部分组成，如图 5.72 所示。

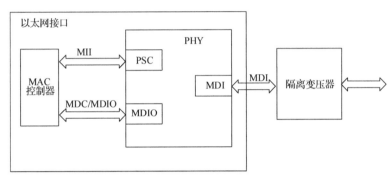

图 5.72　以太网接口

MAC 控制器负责完成数据帧的封装、解封、发送和接收。PHY 接收到 MAC 控制器发来的数据后，对数据进行编码、加扰和序列化，然后转换成模拟信号，通过 MDI 接口传输出去。但是，由于网线的传输距离很长，达 100m 甚至更远，容易导致信号流失，并且如果外网线与芯片直接相连，电磁感应和静电也很容易损坏芯片，所以需要使用网络隔离变压器。

介质无关接口（Media Independent Interface，MII）又称为媒体独立接口，是 MAC 控制器与 PHY 连接的标准接口，介质无关意味着不用考虑介质是铜轴、光纤还是电缆等。MII 是 IEEE-802.3 定义的以太网行业标准，由一个数据接口和一个管理接口组成。其中，数据接口包括分别用于发送数据和接收数据的两条独立信道，每条信道都有自己的数据、时钟和控制信号；管理接口是个双信号接口，一个是时钟信号（MDC），另一个是数据信号（MDIO）。

MII 的缺点是信号线太多，其简化标准有简化 MII（Reduced Media Independent Interface，RMII）、串行 MII（Serial Media Independent Interface，SMII）等。

在实际设计中，SoC、MAC 控制器和 PHY 三者并不一定分开。由于 PHY 整合了大量模拟硬件，而 MAC 控制器是全数字器件，考虑到芯片面积及模拟/数字混合电路，通常将 MAC 控制器集成进 SoC，将 PHY 留在片外，当然也可以实现 MAC 控制器和 PHY 的单芯片集成。SoC、MAC 控制器和 PHY 的不同组合如图 5.73 所示。在图 5.73（a）中，SoC 内部集成了 MAC 控制器和 PHY，此方案的难度较高；在图 5.73（b）中，SoC 内部集成了 MAC 控制器，PHY 采用独立芯片，此方案是主流方案；在图 5.73（c）中，SoC 不集成 MAC 控制器和 PHY，MAC 控制器和 PHY 采用独立芯片或集成芯片，此方案通常被高端产品采用。

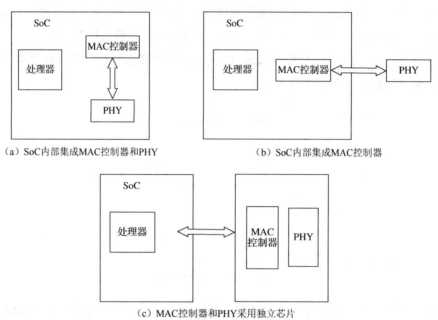

图 5.73　SoC、MAC 控制器和 PHY 的不同组合

2．广义的无线网络

广义的无线网络包含三个方面：WPAN（Wireless Personal Area Network，无线个人区域网）、WLAN（Wireless Local Area Network，无线局域网）、WWAN（Wireless Wide Area Network，无线广域网）。

（1）WPAN。

WPAN 是相当小型的自组织网络（Ad-hoc Network），通信范围不超过 10m。由于通信范围有限，因此通常用于取代实体传输线，使不同的系统能够近距离进行资料同步或连线，用于诸如手机、计算机、附属设备及小范围内的数字辅助设备之间的通信，其支持技术包括 Bluetooth（蓝牙）、ZigBee、超频波段（UWB）、IrDA（红外）、HomeRF 等。其中，蓝牙在 WPAN 中使用得最广泛。

① 蓝牙。

蓝牙是由爱立信、Intel、诺基亚、IBM 和东芝等公司于 1998 年 5 月联合推出的一种短距离无线通信技术,可用于在较小的范围内通过无线连接的方式实现固定设备或移动设备之间的网络互联,从而在各种数字设备之间实现灵活、安全、低功耗、低成本的语音和数据通信。蓝牙技术的有效通信范围通常为1m,强的可以达到100m左右,最高数据传输速率可达1Mb/s。其传输功耗很低,广泛应用于无线设备、图像处理设备、安全产品、消遣娱乐、汽车产品、家用电器等领域。蓝牙模块的接口可以分为串行接口、USB接口、GPIO和SPI等,不同接口采用的传输协议不同,有H2、H4、H5、BCSP、SDIO等。其中,H2是基于USB的传输协议;H4是基于五线UART(TX、RX、CTS、RTS、GND)的传输协议;H5是基于三线UART(TX、RX、GND)的传输协议;BCSP是基于UART的传输协议;SDIO是基于SDIO接口的传输协议。图5.74中,两射频芯片分别采用了H4和H5传输协议连接到各自的MCU,彼此通过低功耗蓝牙(Bluetooth Low Energy,BLE)协议进行通信。

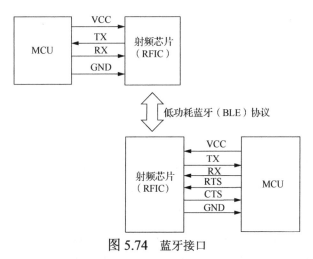

图5.74 蓝牙接口

② IrDA。

IrDA技术是一种利用红外线进行点对点短距离通信的技术。IrDA技术的优点是利用红外线传输数据时,无须专门申请特定频段的使用执照;设备体积小、功率低;由于采用点到点的连接,数据传输受到的干扰较小,数据传输速率高,可达1Gb/s。IrDA技术的缺点是受视距影响,其传输距离短,要求通信设备的位置固定,点到点的连接使其无法灵活地组成网络等。

(2)WLAN。

与WPAN相比,WLAN具有强大的无线网络连接能力,范围可涵盖存取点到客户端之间大约100m的距离,适用于公司、大型商场等较大的区域。WLAN标准主要针对物理层和MAC层,涉及所有使用的无线频率范围、控制接口通信协议等技术规范与技术标准。

Wi-Fi（Wireless Fidelity）是 WLAN 的一个标准，又称 802.11b 标准，其最大优点是数据传输速度较快，有效距离较长，一般适用于家庭等区域较小的场所。

RFID（Radio Frequency IDentification，射频识别）技术由大型零售商等企业率先采用，以取代传统条码，用于物品管理或库存追踪。在 RFID 系统中，每件物品或库存货品都附有一个 RFID 标签，标签上储存有该物品仅有的信息，如独一无二的识别码。RFID 读取器与后端资料库相连，可辨识信息并进行物品的追踪、监控、报告及管理，以掌握物品运送的流向。

RFID 技术的另一个全新应用领域为近距离无线通信（Near Field Communication，NFC）。NFC 技术主要针对近距离（大约 7cm）、需要高安全性的消费应用系统所设计，如内置 RFID 晶片的智慧卡。

（3）WWAN。

WWAN 是手机及数据服务所使用的数字移动通信网络，由电信运营商负责经营。WWAN 可覆盖相当广的地理区域。

5.7 系统外设

系统外设是指维持 SoC 正确工作所必需的模块，包括计数器、定时器等。

计数器按固定周期计数，因此经历若干周期后便可得到一个时间段，实现了计时。

定时器内部有一个寄存器，计时开始时将一个总的计数值（如 300）置入其中，然后每隔一个时钟周期（如 1ms），寄存器值会自动减 1（硬件自动完成，不需要软件干预），寄存器值减为 0 时，便会触发定时器中断。本例中，定时周期为 300×1＝300ms。

作为 SoC 的外设，定时器、计数器主要实现定时执行代码的功能。SoC 在执行主程序的同时通过定时器进行计时。经过一段时间，计时结束导致定时器产生中断，处理器将处理中断。

SoC 中通常有 4 类定时器件，其功能和特征都不同。

（1）PWM 定时器。

PWM 定时器是最常用的定时器，通过在每个定时周期向上或向下计数来获得固定的时间间隔。PWM 定时器关注时间段，其计时从开启定时的时间点开始，直到给定的时间点结束。因其具有 PWM 功能，故称为 PWM 定时器。PWM 脉冲可以输出固定频率和占空比的方波，用作脉宽计数器（Event Timer）时，将记录外部输入脉冲的脉冲宽度。

（2）实时计数器。

实时计数器又称实时时钟（Real Time Clock），能够提供日历（世纪、年、月、日）时钟（时、分、秒）等功能，用于持久存储系统时间。即便系统关闭，其也可以依靠恒开电源保持系统计时，同时不受复位操作的影响。

实时计数器以振荡频率来计数，其标准时钟频率是 32.768kHz，当实时计数器计数到 2^{15} 时为 1s。

实时计数器可用作系统时钟，决定当前时间和日期，也可产生周期性中断，提供与处理器频率、其他资源无关的系统时间标记。

（3）看门狗定时器。

看门狗定时器（Watchdog Timer，WDT）也是定时器，可以在设置时间到时产生中断或复位请求。

看门狗定时器提供了一种故障保险机制，避免系统长时间处于故障状态。芯片复位后，看门狗定时器始终被使能。芯片启动进程后，通过软件间歇性地对看门狗定时器进行刷新，如果发生硬件或软件错误，看门狗定时器不能及时被刷新，其将溢出，并产生中断或复位请求，如图 5.75 所示。

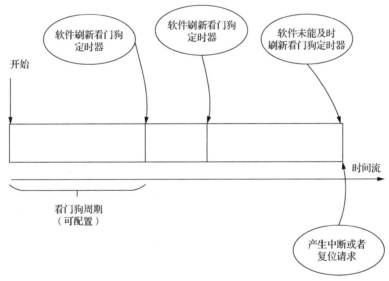

图 5.75　看门狗定时器

（4）系统节拍定时器。

在多任务系统中，处理器在不同的时间片内为不同的任务服务，因此需要一个定时器来产生周期性的定时信号，提醒处理器对任务进行切换。此外，计算机中还有其他系统事务也需要定时信号，如 DRAM 的定时刷新操作。为此，处理器集成了一个系统节拍定时器（System Timer），以某种频率产生固定时间间隔信号（SysTick）并自行触发时钟中断，该频率可以通过编程预先设定，称作节拍率（Tick Rate），两次连续时钟中断的间隔称为节拍

（Tick），用于给操作系统提供时间片。处理器内核依靠已知的时钟中断间隔来计算实际时间和系统运行时间。如果没有使用操作系统，该定时器也可作为普通定时器使用，用于产生定时信号和进行时间测量。系统节拍定时器与嵌套向量中断控制器捆绑在一起，可认为是嵌套向量中断控制器的一部分，如图 5.76 所示。

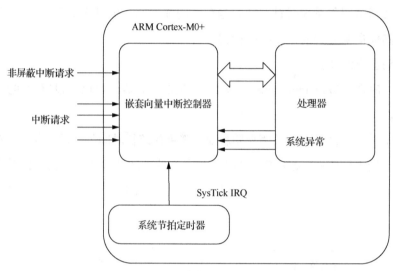

图 5.76　系统节拍定时器

小结

- 接口用于解决处理器与外设之间的信号不匹配和速度不匹配的问题，具有速度匹配、缓冲、数据格式转换和电平转换等功能。I/O 接口电路中的各类寄存器和相应的控制逻辑统称为 I/O 端口，处理器通过对 I/O 端口进行读/写操作来实现对外设输入、输出的控制。I/O 端口物理地址的编址方式有内存映射编址和端口映射编址两种。
- 处理器与外设之间传输数据的控制方式有程序方式、中断方式和 DMA 方式。I/O 通信方式有并行/串行通信同步/异步传输，单工方式、半双工方式和全双工方式。
- 串行接口广泛用于 MCU 与外设的连接，最常用的有 I^{2}C、SPI 和 UART。
- 音频接口可分为模拟音频接口和数字音频接口。数字音频接口有 I2S 接口、PCM 接口、PDM 接口、AES/EBU 接口和 S/PDIF 接口等。
- 模拟视频接口有复合视频接口、S-VIDEO 接口、色差分量接口和 VGA 接口，数字视频接口有 DVI、HDMI、DP 接口等。常见的 LCD 接口有 SPI、并行接口、LVDS

接口、eDP 接口、MIPI 等。
- 以太网接口由 MAC 控制器和 PHY 组成。最常见的结构是将 MAC 控制器集成进 SoC，将 PHY 留在片外。
- 蓝牙和 Wi-Fi 是最常见的无线网络接口。
- 系统外设主要指维持 SoC 正确工作所必需的模块，包括计数器、定时器等。